엄마와 탄둘이 나주 여행

엄마와 단둘이 나주 여행

정서연 지음

"엄마와 어깨를 나란히 하고
발을 내디딜 때마다
느껴지는 나주의 새로운 감촉"

스타북스

"고향은 이름이자 단어이며, 강한 힘을 지닌다. 마법사가 외우는 어떤 주문보다도 혹은 영혼이 응하는 어떤 주술보다도 강하다." 찰스 디킨스는 고향에 대해 이렇게 말했다.

나주. 마음속 깊이 간직한 그립고 정든 나의 고향이다. 내 인생의 아침을 열어준 그곳 풍경과 표정을 기억하고 싶었다. 그래서 기록했다. 수십 년 걸었던 이곳을, 여행자의 시선으로 다시 함께 걷는 엄마와 딸의 이야기를, 그저 담담하게 담아내고 싶었다. 낯선 도시가 아닌 삶의 터전이자 일상이었던 고향을 여행지로 선택한 이유이다. 오랜 시간 같은 공간을 공유했음에도 익숙한 나머지 스쳐 지나갔던 일상의 장면들, 그곳에서 발견한 뜻밖의 즐거움이 삶의 이유, 아니 존재 자체를 사유할 수 있는 소중한 순간이었다.

이 책은 '찬란한 자연유산, 나주의 숨은 보물, 나주 정신이 살아 숨 쉬다, 부활의 서사' 이렇게 네 가지 이야기를 담고 있다.

거문고 소리를 들으며 학처럼 고고하게 맞이한 금학헌에서 고요한 아침은 잊을 수 없는 장면이다. 금성산을 오르며 나주의 가슴 뛰는 심장 소리를 느꼈다면, 정렬사에서는 나주 정신이 건재하고 살아있음을 확인했다.

장중하고 고요한 향교를 비롯하여 역사의 숨결을 머금은 금성관, 자연과 어우러져 산사의 미학을 구현한 불회사에 이르기까지, 마법에 이끌리듯 나주 곳곳을 여행했다.

　　아담하고 소박해 보이지만, 그 안에 품은 매력은 무궁무진하다. 다른 무엇으로도 대체할 수 없는 것이 진정 존엄하고 아름다운 것이라는 말처럼, 발 닿는 모든 곳에서 대체 불가한 아름다움과 존엄함이 우러났다.

　　오랜 세월 동안 나주는 우리 역사의 결정적 시기마다 주요한 역할과 새로운 계기를 만든 곳이다. 그래서인지 나주에는 과거에 이곳이 얼마나 중요했던 지역인가를 짐작하게 해 주는 문화유적들이 적지 않게 남아있다. 역사라는 수레바퀴 안에서 치열하게 살아왔던 사람들. 정도전, 신숙주, 나대용, 임제 등 역사의 인물과 조우하는 기쁨은 이루 다 말할 수 없었다. 그리고 역사의 중요 장면에서, 큰 역할을 담당했지만 이름 없이 사라져간 사람들이 있었다. 우리는 그들의 이름을 기억해야 한다.

　　엄마와 함께 어깨를 나란히 하고, 발 내디딜 때마다 느껴지는 나주의 새로운 감촉. 긴 역사를 품고 있는 나주의 서사 위에, 과거와 현재를 오가며 마주하는 엄마와 나의 이야기들이 다시 덧대어지고 있다. 늘 우리 곁에 있었던 평범한 일상들, 그 아름다운 일상의 가치를 다시금 생각해 보는 시간이었다.

영혼이 응하는 그 어떤 주술보다 강한 힘을 느끼면서, 나는 다시 일상으로 복귀할 힘을 얻었다. 나주는 자기 삶의 일부라고 하면서, 걸어 다닐 힘이 있을 때까지 나주의 구석구석 걷고 싶다는 엄마의 이야기가 우리 모녀의 여행을 마무리하는 시간까지 정말 큰 힘이 되었다.

나의 어린 시절 추억이 담긴 장소에서 마주한 돌아가신 아빠, 잊고 있던 옛 기억 속에서 다시 만날 수 있어 감사했다.

유한한 시간을 무한으로 이어가는 길은, 우리 삶을, 그리고 역사를 기억하고 기록하는 일일 것이다.

귀한 여정에 함께해 주신 친애하는 엄마, 아빠에게 존경과 경의를 표한다. 늘 마음으로 함께해 준 사랑하는 가족에게 감사의 마음을 전한다.

나주 여행은 끝났지만, 나의 마음속 여행은 지금부터 시작이다.

2024년 가을
정서연

contents

chapter 2 나주의 숨은 보물

chapter 3 나주 정신이 살아 숨 쉬다

chapter 4　부활의 서사

chapter 1

찬란한
자연 유산

자연에서 주파수를 맞추다

전라남도 산림자원연구소

산림과학연구소 입구 메타세쿼이아 가로수길이 쭉 뻗어 있다.

푸르름이 짙은 여름과 초가을 사이, 입구에 들어서자마자 끝 모르게 쭉 뻗은 메타세쿼이아 가로수길이 우리에게 청량감을 선사해 주었다. 끝없이 펼쳐진 초록의 나무를 보는 것만으로도 답답한 가슴이 뻥 뚫리는 기분이랄까. 나무들 사이로 간간이 피어있는 들꽃이 초록에 화사함을 더해준다. 봄, 여름, 가을, 겨울 계절에 따라 색다른 모습으로 변모하지만, 언제나 고요함이 있는 이곳이 그냥 좋다.

　전라남도 산림자원연구소. 이곳은 전라남도 나주시에 있는 도립 연구소로 산림자원의 조성과 이용, 산림환경과 자연생태계 보전을 위한 각종 시험연구를 수행하는 연구소이다. 1993년 8월 전라남도 임업시험장과 치산사업소를 통합하면서 산림환경연구소로 출범했으며, 1998년 완도 난대수목원과 통합해 2008년에 산림자원연구소로 이름을 바꾸고 지금의 모습을 갖췄다.

　내부는 잔디광장, 토피어리, 잣나무숲, 온실, 유용식물원, 약초원, 미로원, 상록수원, 희귀식물원, 표본수원, 삼나무원, 기념식수원, 방향식물원으로 구성되어 있다. 연구소 뒤쪽은 식산이 있어 산림욕장이 만들어져 있다. 다른 지역에서는 찾아보기 힘든 남도의 특징적인 황칠나무, 가시나무 등 국내 최대 난대숲 자원을 보유하고 있다고 한다. 연구소는 자원관리와 연구뿐만 아니라 도민을 위한 여가선용 프로그램을 운영하고 있다. 자연학습 및 체험 프로그램을 운영하고 있는데, 나주혁신도시나 광

산림과학연구소
어디를 가든 푸르름
그 자체이다.

주 등 인근의 유치원이나 어린이집, 초등학교에서 많은
호응을 얻고 있다. 최근에는 신재생 바이오에너지 개발
을 추진해 저탄소 녹색산림의 실천을 위해 노력 중이라
고 한다.

조금 걷다 보면 길이 세 갈래로 갈라진다.

"엄마, 어느 쪽으로 갈까?"

"아무데나."

우리는 먼저 오른쪽 데크길을 선택했다. 이 길은 중앙
메타세쿼이아 길에 비해 왕래하는 사람이 많지 않았다.
가장 먼저 우리를 반겨준 것은 팽나무였다. 시골 마을 초
입에서 흔히 볼 수 있는 커다란 팽나무를, 어린 묘목으로
보니 좀 색다른 느낌이었다. 팽나무 군락을 지나니, '무
장애 나눔길'이란 안내판이 보였다. 무장애 나눔길? 다

소 생소한 단어다. 무장애 나눔길은 노약자, 장애인 등 보행 약자층이 장애물 없이 이용할 수 있도록 자연 친화적으로 조성한 숲길이라고 하는데, 누구나 안전하고 편리하게 숲의 혜택을 누릴 수 있도록 만든 공간이라는 설명이 이곳의 정체성을 말해주는 것 같다.

계절이 계절인지라 철쭉, 산철쭉, 영산홍, 진달래 같은 진달래과 4형제는 볼 수 없었지만, 층층나무 아래 흐드러지게 핀 꽃무릇이 어느덧 마지막 작별 인사를 준비하고 있는 듯하다. 그래서일까? 계절별로 존재감을 드러내는 목련, 산딸나무, 영산홍, 수국이 오늘은 화려함 대신 수수한 푸르름으로 다가왔다.

바로 옆에는 친숙한 소나무가 자리하고 있었는데, 안내판에는 소나무의 유래, 소나무의 종류에 대한 정보가

꽃무릇과 소나무는
서로 떨어져 있었
지만 절묘하게 어
울리는 느낌이다.

기록되어 있었다. 나는 잠시 안내판을 빠르게 훑어 보았
다. 우리말 '솔'에서 유래되었으며 솔은 으뜸이라는 뜻의
'수리'라는 말이 변한 것으로 나무 중에 최고 나무라는,
이름에 얽힌 의미가 인상적이었다. 엄마에게 소나무의
유래에 대해 설명해 주니 처음 알았다며 한 마디를 덧붙
였다.

"안다고 생각했는데, 잘 모르고 있었네."

순간 떠오른 말이 있다. '아는 만큼 보인다.' 유홍준 교
수는 '나의 문화유산답사기'에서 조선시대 한 문인의 말

을 인용해 이런 말을 했다.

사랑하면 알게 되고 알면 보이나니 그때 보이는 것은
전과 같지 않으리라.

우리 문화유산에 대한 관심과 사랑을 호소한 것이다.
너무도 평범하고 익숙해서 보이지 않던 것들을 재발견
하는 기쁨이랄까. 이런 마음으로 여행을 한다면 풀 한 포
기, 굴러다니는 돌 하나도 예사롭게 보이지 않으리라.

이곳, 치유의 숲은 음이온과 피톤치드가 풍부해 스트
레스 해소 및 심신치유에 매우 효과적이라고 한다. 일상
의 피로에 지친 이들에게 분명 휴식과 힐링을 제공해 주
는 매력적인 공간이 될 것 같다.

나무와 빛을 제외하고, 우리는 보이지 않는 것에 집중
했다. 깊고 크게 호흡하며 숲의 냄새와 공기를 들이마셨
다. 도심에서 느낄 수 없는 신선함이 한가득 느껴졌다.
엄마와 함께 벤치에 앉았다. 잠시 눈을 감았다. 숲에서
나는 소리와 주파수를 맞추고 싶었다. 아니, 더 정확하게
말하면, 엄마와 주파수를 맞추고 싶었다는 게 내 솔직한
마음이었다.

역사의 강을 가로지르다

영산강 황포돛배 체험

황포돛배 선착장 주변의 전경

프랑스 생말로. '인간의 조건'의 작가이자 프랑스 초대 문화부 장관인 앙드레 말로가 "내 인생의 시간이 일주일만 남았다면, 그 시간을 생말로에서 보내고 싶다."라고 말한 곳으로 유명한 곳이다. 나에게 영산강은 그런 곳이다.

황포돛배 선착장에서 승선신고서를 작성한 후 오후 5시에 출발하는 표를 끊었다. 이 배는 영산포 선창에서 천연염색박물관까지 왕복 10km를 운항하는데, 대략 50분 정도 소요된다. 마지막 운항시간임에도 가족 단위로 온 사람들이 많았다. 시간이 임박해서 접수한 사람들이 많아졌는지, 처음엔 작은 배를 탔는데, 다른 배로 갈아타라는 안내 방송에 따라 중간 크기의 배로 옮겨 탔다.

사람들은 누가 먼저라고 할 것도 없이 뱃머리 쪽으로 나가 자리를 잡았다. 녹음된 안내 방송과 함께 영산강의 물길을 가르며 이내 배가 출발했다. 뱃머리 양쪽에 있는 용 문양의 빨간 깃발과 파란 깃발이 펄럭이는 소리가 바람의 세기를 짐작하게 했다. 나주 곳곳의 역사 이야기를 들려주는 돛배의 안내 음성이 바람과 함께 흩뿌려져서 드문드문 잘 들리진 않았지만 그마저도 정겹게 다가왔다.

주위를 둘러보니 양옆으로 펼쳐진 낮은 산과 언덕이 영산강을 다정하게 감싸 안고 있다. 유난히 진한 풀빛을 띤 강물은 8월 한여름의 뜨거운 태양을 머금은 짙은 초록에 물든 느낌이었다.

황포돛배는 과거 영산강 물길을 이용해 쌀, 소금, 미역, 홍어 등 온갖 생필품을 실어 나르던, 황토로 물들인

황포돛배 선착장

돛을 단 배를 말한다. 바닷물이 영산강 물길을 따라 오르
내리던 시절, 많은 사람에게 절실한 삶의 터전이기도 했
다. 영산강 황포돛배는 육로교통의 발달과 1976년 상류
에 댐이 들어서고 영산강 하굿둑이 만들어지자, 1977년
마지막 배가 떠난 후 자취를 감췄다고 한다. 지난 2008
년, 30여 년 만에 부활한 황포돛배는 그 옛날의 시간을
가로지르며 다시금 영산강을 오르내리고 있다.

　회진에서 영산강을 따라 영산포 쪽으로 올라오다 보면
가야산에 연결되어 있는 깎아지른 듯한 바위 절벽을 볼 수
있다. 바로 '앙암바위'이다. 바위 주변 일대는 경관이 아름
답기도 하지만 바위 아래 강물이 소용돌이치면서 깊은 소
를 만들어, 영산강을 다니던 배들이 자주 침몰하는 통에
사람들은 바위 아래 용이 살고 있다고 믿었다고 한다.

이 바위는 삼국시대부터 전해오는 아랑사와 아비사의 이루지 못한 슬픈 사랑 이야기를 간직하고 있다. 바위 절벽에는 아랑사와 아비사가 서로를 애절하게 바라보는 모습이 남아있어 그 모습이 눈에 잘 보이는 사람은 사랑이 이루어진다고 해서 사람들의 눈길을 사로잡았다.

"엄마는 아랑사와 아비사가 보여?" 나는 장난스레 물었다.

"나는 안보여. 눈이 많이 침침해져서..."

"엄마, 걱정 마. 나도 안 보여. 시간이 너무 지나서 다 닳아졌을 것 같은데... 안 보이는 게 당연하지."

엄마와 난 시원한 강바람을 맞으며 눈 앞에 펼쳐진 풍경을 말 없이 바라보았다.

엄마가 작게 흥얼거리는 노랫소리를 듣고 나서야 안내

황포돛배에서 바라
본 영산강 풍경

음성이 노랫가락으로 바뀌었음을 깨달았다. '소양강 처녀'가 아닌 '영산강 처녀'라는 노래다. 생각해 보니 엄마는 40대 중반부터 나주 가수로 활동했다. 나주연예인협회에서 주연화라는 예명으로 활동했다고 한다. '사랑은 아무나 하나'가 애창곡이란다.

"지역에서 노래로 봉사한다는 마음으로 활동했지."

그때 이야기를 하는 엄마의 표정과 목소리에서 왠지 활기가 넘친다.

외할아버지가 큰할아버댁에 땔감용 나무를 가지러 갈 때면 늘 엄마를 데리고 다니셨는데, 엄마가 노래를 잘한다며 친척들 앞에서 자주 노래를 불렀단다. 노래가 끝나

양암바위

황포돛배에서
시원한 늦여름
바람을 맞으며

면 잘 불렀다며 사과를 선물로 받았다고 했다. 그 시절에
는 사과가 귀했다고 한다. 이따금 외할버지가 눈깔 사탕
을 사 주셨는데, 유년시절 기억 중 가장 행복한 기억이라
고 했다. 역시 가수는 타고나는가 보다. 떠올려 보면 어
렸을 땐 엄마의 노래를 자주 들었던 것 같은데, 시간이 갈
수록 엄마의 흥얼거리는 노랫소리를 못 듣는 것 같아 아
쉽다.

무수히 많던 돛배가 사라진 지 오래. 세월이 흘러 옛사
람의 눈길이 머문 곳을 찾아 배에 오르는 순간, 과거로 시
간 여행을 떠나게 된다. 여행의 속도와 깊이가 모두 같을
순 없다. 수도 없이 오갔을 영산강 물길 위에서 황포돛배
의 푸르른 여정은 깊어만 간다.

흐르는 강물처럼

석관정과 석관정 나루터

'흐르는 강물처럼' 영화 속 장면같은 석관정 나루터

영화 '흐르는 강물처럼.' 많은 사람이 인생 영화로 꼽는 작품 중 하나로 브래드 피트와 크레이그 셰퍼 주연의 영화이다. 나 역시도 좋아하는 영화이다. 석관정 나루터를 처음 마주했을 때, 나는 이 영화 속 한 장면이 떠올랐다. 엄마와 난 맨 먼저 앞으로 쭉 뻗은 나무 계단으로 내려갔다. 계단 끝 나루터에서 중년 남성 한 분이 한가로이 낚시를 하고 있었다. 6개나 되는 낚시대를 한꺼번에 장착해둔 포스가 전문 낚시꾼인가 보다. 잔잔하게 흐르는 영산강 물결을 바라보며 낚시를 즐길 수 있는 곳, 낚시꾼이 사랑할 수밖에 없는 곳이다.

영화에서 아직까지 잊혀지지 않는 장면이 있다. 흐르는 강물에서 낚싯대에 미끼를 끼우는 장면으로, 어릴 적 아버지가 해줬던 말이다.

노먼, 너는 글쓰기를 좋아하니까 언젠가 준비되면 가족 이야기를 써 봐라. 그러면 우리가 겪었던 일들에 대해 이해할 수 있게 될 거다.

어쩌면 이 대사를 들었던 순간부터 나는 마음 속 깊이 언젠가는 가족 이야기를 써보고 싶다고 생각했는지 모르겠다.

황포돛배가 오가던 옛 나루터, 이 오래된 곳을 찾은 지금의 이야기와 지나간 시간 속 이야기를 잠시 상상해 보았다. 동당리 석관정 나루는 영산강과 고막천이 만나는

곳의 나루로 수운의 요지였으며 영산강의 명승지다. 갈
대와 잔잔한 물결, 고막천과 만나는 강어귀의 암벽, 유유
히 날아오르는 백로, 말 그대로 자연의 아름다움이 한 폭
의 그림처럼 펼쳐져 있다. 현지인만 알 수 있는 나주의 숨
은 비경을 꼽으라고 하면 가장 먼저 추천하고 싶은 곳이
다. 관광지로 개발하지 않은 덕택에 인공적 아름다움 대
신 자연 그대로의 모습을 볼 수 있는 게 이곳의 매력일 것
이다. 개인적 취향이지만 여백의 아름다움을 추구하는
나에게 더욱 특별하게 다가오는 이유다.

여기에서 나룻배를 타고 강을 건너면 공산면 신곡리로
갈 수 있다고 한다. 기회가 된다면 나룻배를 타면 좋으련
만. 오늘은 그저 이 아름다운 비경을 느린 속도로 바라볼
수 있다는 것에 만족해야겠다. 석관정 나루의 아름다움
을 감상하려면 강 건너편의 산 중턱에 지어진 금강정이
가장 좋다고 하는데, 다음에는 그곳에서 이곳 석관정 나
루터를 보고 싶다.

나루터에서 다시 발길을 돌려 계단을 오르니 왼쪽에
좁다란 오솔길이 나 있다. 생각해보니 몇 년 전에 지인들
과 한두 번 와본 적이 있는 곳이다. 석관정 이정표를 따라
걸음을 옮겼다. "엄마는 여기 와봤어?"라는 나의 물음에
엄마는 "응, 여러 번 와봤어."라고 대답했다.

"누구랑?"

"지인들하고."

"나도 세 번째인데..."

"근데 여기는 아는 사람만 오겠다. 그치?"

인위적으로 개발되지 않은 자연 그대로의 모습을 좋아하는 나로서는 오랫동안 보고싶은 마음에서 툭 하고 나온 말이었다. 엄마와 나는 황금빛 석양을 바라보며 기분 좋게 걸음을 재촉하였다.

우리만 있는 줄 알았는데, 이미 구경을 마친 부부가 여유롭게 내리막길을 걸어 내려오고 있었다. 부부는 우리 곁을 지나가며 "안녕하세요."라고 친근하게 인사를 건넸다. 나와 엄마도 "안녕하세요."라고 웃으며 화답했다. 억양이 전라도 말은 아닌 것 같아 "어디에서 오셨어요?"라고 물었다. "경기도에서 왔어요."라는 말에 "즐겁게 여행하세요."라고 웃음으로 배웅했다.

곧이어 누군가를 간절히 기다리는 것처럼 보이는 한

석양 노을 지듯 여인의 사무친 그리움도 깊어지는 느낌이다.

여인의 조형물을 지나치는데 문득 엄마랑 닮았다는 생각이 들었다. 지아비를 멀리 배를 태워보내고, 매일매일 같은 곳을 바라보는 여인의 모습. 그 사무친 그리움을 어찌 말로 표현할 수 있을까. 젊은 나이에 아빠를 일찍 보낸 엄마의 모습과 닮아 있는 느낌이랄까. 노을이 점점 짙어질수록 여인의 형상이 더욱 또렷해져가고 있었다.

어느새 석관정에 이르렀다. 연세가 지긋하신 어르신 한 분이 이리 저리 방향을 바꿔가며 석관정 앞 풍경 사진을 찍고 있었다. 아는 사람만 올 수 있을 것 같은 곳임에도 의외로 사람의 왕래가 적지 않은 곳이었다.

석관정은 1530년 함평이씨 함성군 이극해의 증손인 신녕현감 석관石串 이진충李盡忠이 세운 정자이다. 정유재란 때 소실되었다가 이후 후손들이 중건을 했다고 한다.

노을 진 하늘이 석관정의 운치를 더해준다.

석관의 옛 이름은 '돌곶(돌고지)'로 강 쪽으로 바위가 툭 튀어나온 곳, 즉 벼랑에 위치한다는 의미이다.

"장소가 기가 막히네. 예전 사람들은 어떻게 이런 곳을 발견했을까?" 엄마가 연신 감탄하며 말했다.

이곳은 영산강 제3경으로 선정될 정도로 영산강의 아름다운 비경을 발아래 두고 있는 특별한 곳이다. 탐스러운 동백나무와 100년 이상 된 소나무와 팽나무 등 운치 있는 고목들이 정자 주위를 아늑하게 감싸고 있다. 늦여

름 시원한 바람이 불어와 돌곶이에 푹 빠져 있음을 알려
주지 않았다면, 마치 그림처럼 비현실적인 느낌으로 다
가왔을 법한 풍경이다.

　참 아름다운 날이다. 나이를 한 살 한 살 먹어가면서 눈
보다는 가슴에 담게 된다. 지금 나와 엄마의 마음에 시원
하고 청량한 바람이 불고 있다.

때 늦은 방문

우습제

연꽃으로 가득한 우습제 전경

우습제. tvN 〈어쩌다 사장 시즌2〉 방송을 통해 우연히 접한 곳이다. 평소에는 TV를 거의 안 보는데, 모처럼 채널을 돌리다가 고향 나주의 모습에 리모콘을 멈추게 되었다.

드넓은 남쪽 땅 전남 나주로 온 두 사람. 배우 차태현과 조인성이 공산면에 있는 할인마트의 사장이 되어 마트를 운영하는 이야기다. 조인성이 마트를 찾은 손님에게 근처에 가볼 만한 곳을 물어보자 우습제를 추천했다.

우습제는 나주시 공산면 동촌리와 동강면 인동리에 걸쳐 있는 저수지이다. 국도 23호선에 인접해 있어 어렵지 않게 찾아갔다. 약 300년 전에 조성한 것으로 알려져 있는데 현재의 모습으로 재축조된 것은 1943년이라고 한다. 주민들은 '소소리 방죽'이라는 이름으로 부른다. 이름이 특이하고 재미있다. 제방에 소들을 맸던 데서 유래했다고 한다.

우습제는 약 43만m²에 이르는 면적에 홍련이 자생하는 연못으로, 백련으로 유명한 무안의 회산 백련지에 비해 외부에 알려지지 않았다. 실은 나도 연꽃을 보러 무안은 여러 번 가 보았지만, 이 곳은 처음이었다.

흐린 날씨여서 걱정했는데, 아니나 다를까 도착할 때쯤 비가 쏟아졌다. 휴대폰으로 일기예보를 검색해 보니 태풍이 북상하고 있단다. 요즘엔 일기예보가 꽤 정확한 편인 것 같다.

우산을 하나밖에 챙기지 않아 엄마와 함께 우산을 썼

드넓은 우습제 사이로 산책길이 조성되어 있다.

다. 어느새 엄마보다 키가 큰 나는 한 손으로 우산을 들고 나머지 한 손으론 엄마의 어깨를 감쌌다. 엄마의 따뜻한 온기가 느껴졌다.

눈앞에 펼쳐진 연꽃잎이 바람에 펄럭이며 연둣빛 속살을 보여주었다. 7~8월에 왔다면 홍련에 시선을 빼앗겼을 텐데, 9월 초 다소 뒤늦은 방문 때문에 연꽃 대신 연잎을 자세히 들여다봤다. "조금만 일찍 왔으면 절정이었을 텐데 아쉬워."라는 나의 말에 "더 늦었으면 연잎도 못 봤을 텐데 다행이다."라고 대답하는 엄마.

담담하면서 소박한 엄마의 말에 "그러네."라고 답하며 운치 있는 우중 산책을 했다. 여백의 미를 뽐내며 여전히 건재한 연꽃과 연잎을 보니, 충만한 아름다움 못지않게 잔잔하면서도 깊은 여운이 남았다.

"이 연꽃은 사람들이 심었겠지? 대단해."

엄마는 연신 감탄했다.

태풍을 담고 있는 무거운 바람까지도 여유 있게 속도를 조절하는 느낌이다. "이것이 가을바람의 진정한 묘미지."라고 읊조리며 잠시 거닐어 보았다. 나무데크로 만든 산책길을 한 바퀴 돌고 난 후 방죽 위에 올라섰다. 방죽 바로 아래쪽에는 낚시꾼 세 명이 낚시 삼매경이다. 태풍이 올라오고 있다는 소식에도 아랑곳하지 않고 꿋꿋하게 낚시를 하고 있었다. 엄마는 다소 걱정스러운 표정으로 말했다.

낚시 삼매경에
빠진 사람들

"이런 날에도 물고기가 잡힐까?"

"그러니까... 진정한 낚시꾼들이네."

그리고 무언가 문득 생각났는지 한가지 이야기를 들려주었다.

"예전에 나주 교회에 친한 권사님이 계셨는데, 늘 엄마를 챙겨줬어. 남편 없이 혼자 사는 게 안타까웠나 봐. 정말 고마운 분이야."

"지금도 친하게 지내?"

갑작스러운 나의 질문에 엄마는 잠시 머뭇거리더니 말을 이어갔다.

"몇 년 전에 암으로 돌아가셨어. 육십 정도였는데, 한창 활동할 나이에... 이곳에 오면 권사님이 늘 그립고 생각나네."

내가 초등학교 때로 기억한다. 전남 구례에서 나주로 이사왔던 부모님은 어려운 살림에 삼남매를 키우느라 맞벌이를 했다. 엄마는 당시 자전거 앞 바구니에 일일학습지를 담아 배달도 하고, 전자제품 꽂기, 마늘 까기 등 뭐든 열심히 했단다. 당시 초등학생이던 나도 전자제품 꽂기와 마늘 까는 일에 동원되었던 기억이 있다. 엄마와 동네 아주머니 몇 분이 우리 집에서 함께 작업하곤 했다.

엄마, 아빠가 힘을 모아 어려운 시절을 잘 견디고 살아왔는데, 너무도 일찍 돌아가신 아빠. 그간 고생했던 삶을 보상이라도 받으며 좀더 누리고 가셨으면 좋았을 텐데... 그리고 홀로 남겨진 엄마. 마흔 여섯살, 그러고보니 지금

비 오는 날의 우중 산책, 나름 운치 있었다.

의 내 나이보다 젊다. 남편의 죽음을 목도하고, 토끼같은 아이들 셋을 책임져야 하는 상황을 감당하기가 쉽지 않았을 것이다. 그 마음을 어찌 다 헤아릴 수 있을까. 어머니라는 이름으로 그저 꿋꿋하고 악착같이 버텨왔으리라.

40대 중반의 젊은 시절, 아빠가 돌아가신 후 자식들 챙기느라 바빴던 엄마에게 아빠의 빈 자리가 얼마나 컸을까. 권사님은 그런 엄마가 안쓰러웠던지, 이곳저곳 좋은 곳에 데리고 다니면서 살뜰히 챙겨주셨다고 한다. 자식된 입장에서 엄마를 생각한다지만 아빠의 공백을 채우는 데는 한계가 있었을 텐데, 권사님처럼 좋은 지인과 신앙이 엄마에겐 든든한 위안이고 울타리가 되었던 것 같다.

'모든 것은 때가 있다.'

맞는 말이다. 그럼에도 다소 늦으면 어떤가? 뒤늦게 바라보는 풍경이 다소 생경할지라도 그간 보지 못했던 장면을 새롭게 발견하는 즐거움을 줄 수도 있다. 그리고 함께하는 상대에 따라 또 다른 느낌과 의미로 다가올 수도 있다. 오늘의 엄마와 나처럼.

한반도를 품다

느러지 전망대

담양 용추봉에서 시작된 영산강이 목포 하굿둑으로 흘러 나가기 전, U자 모양으로 크게 굽이치는 곳에 자리한 나주의 느러지 마을. 이곳에는 영산강이 빚어놓은 '한반도 지형'을 닮은 '느러지(물돌이)'를 한눈에 감상할 수 있는 느러지 전망대가 있다. 느러지(물돌이)는 물길이 흐르면서 모래가 쌓여 길게 늘어진 모양을 표현한 순우리말이다.

'어쩌면 이렇게 이름도 잘 지었는지.'

이름이 정겹고 자연스러워 감탄하지 않을 수 없다.

이곳 느러지는 한반도 지형과 닮아서인지 많은 사람들의 이목을 끌었다. 국내에 알려진 한반도 지형을 닮은 물돌이는 댐을 세우면서 인위적으로 생성된 것이 대부분인데 비해, 이곳에서 바라보는 한반도 지형은 영산강이 굽이쳐 흐르면서 자연적으로 생성되었다는 점에서 더욱 특

별하다. 또 다른 국내 대표적 한반도 지형으로 알려진 강원도 영월 동강과 비교해 강폭이 500~600m 이상으로 넓어 웅장한 맛이 일품이다.

4층 높이의 느러지 전망대와 꽃길은 나주시가 '표해록 漂海錄'의 저자인 나주 출신 금남錦南 최부崔溥 선생을 기리기 위해 조성했다고 한다.

느러지 전망대로 들어가는 진입로에는 '표해록 따라 걷는 곡강曲江, 최부 길'이라고 적힌 표지석이 자리 잡고 있고, 앞 표지석에는 최부의 중국 표해 여정이 담겨 있다. 최부는 조선 전기 문신이자 성리학자이다. 그는 1487년 제주도에 추쇄경차관으로 파견되었으나, 이듬해 초 부친상을 당해 나주로 향하던 중 기상악화로 거센 풍랑을 만나 중국 절강성으로 표류하게 된다. 귀환 후 성종의

명으로 명나라 표류기인 '표해록 漂海錄'을 지어 왕에게 올리게 되는데, 그 글은 세계 3대 중국기행문으로 꼽힐 정도로 높은 평가를 받고 있다.

그는 '표해록'을 통해 일찍이 넓은 세계의 모습을 알렸지만, 연산군의 패정과 고관대작들의 비리를 폭로하다 무오사화 때 유배되고, 갑자사화 때 참형됐다. 이런 최부의 사상과 의로운 정신은 나주의 유산으로 세상에 높이 드러내기에 충분해 보인다.

근처에 생가터가 있다고 하는데, 일정상 다음 방문을 기약했다.

느러지 전망대는 동강면 비룡산 정상에 세워진 4층 높이의 철골 구조물이다.

"엄마, 난간 잡고 올라가자."

엄마는 난간을 꽉 잡고 천천히 올라갔다. 나도 엄마의 뒤를 따라 전망대에 올랐다. 드디어 전망대 4층에 도착했다. 올라오자마자 엄마가 내뱉은 한 마디.

"무서워서 벌벌 떨었네."

"엄마, 고소공포증 있어?"

"그러진 않아도 무섭더라고."

오랜 시간 엄마와 딸이었는데, 아직도 엄마를 잘 몰랐

나 보다.

"아따, 시원하네."

"안 올라왔으면 후회할 뻔했네. 이러니까 다 올라오나
봐."

"나주에서 최고의 전망이 나오는 곳 같네."

엄마는 연신 감탄사를 쏟아냈다. 엄마가 어린아이처
럼 좋아하는 모습이 마냥 좋다. 영산강의 비경과 눈앞에

느러지 전망대 위에서 본 전경

부부 사진작가가
찍어준 엄마와 나

대한민국 지도를 펼쳐놓은 듯한 풍경을 보니, 신기하면
서도 이색적인 느낌이 들었다.

산책로 쪽으로 시선을 돌리니 사람들이 무리를 지어
수국 꽃길을 걷고 있다. 엄마는 아래쪽을 보며 누군가에
게 손을 흔들어 주었다.

"엄마, 아는 사람이야?"

"아니, 저기 카메라 들고 다니는 부부가 있어서. 사진
작가인가 봐."

에어컨 바람에 익숙해서인지, 자연 바람은 참 오랜만
이다. 전망 좋은 곳에서 한담을 나누고 내려가는데, 카메
라를 든 부부가 막 올라왔다.

"엄마, 아까 그 작가님들이시다."

순간 사진 촬영을 부탁하고 싶은 마음이 생겼다. 작가
님들께 우리의 소중한 순간을 남기고 싶은 욕심이랄까.

"작가님. 혹시 사진 부탁드려도 될까요?"

아름다운 수국의
향을 맡으며

"휴대폰 사진은 잘 못 찍는데…"

부부 중 아내가 웃으며 내 휴대폰을 받는다.

"감사합니다. 덕분에 인생 사진을 찍게 되었네요."

여행자들과의 새로운 만남, 새롭게 시작되는 이야기

들도 여행의 진정한 묘미 중의 하나일 것이다.

느러지 전망대로 향하는 수국 꽃길이 환상적이다. 엄마와 나도 걸어보았다. 친구, 연인, 가족 등 수많은 사람들을 마주쳤다.

"나주 사람 다 왔네."

"그러게."

"강아지도 왔네."

하늘빛, 분홍빛, 보랏빛 수국 풍경은 여행자들의 넋을 잃게 할 정도로 빼어나 여기저기서 인생 사진을 남기려는 이들로 북적인다. 나주 금성관이나 영산강만큼 사람들이 많았다. 엄마는 수국 가까이 다가가서 냄새를 맡기도 하고, 꽃송이를 만져보기도 했다.

"싱싱하네."

"우리가 타이밍 맞춰 잘 온 것 같아."

"엄마, 우리 앞으로 꽃길만 걷자."

나는 엄마를 보며 환하게 웃었다.

"그러자."

엄마도 그 어느 때보다 시원하게 웃으며 나를 바라보았다. 일상에서 열심히 달렸던 엄마와 나, 이곳은 우리 둘에게 행복한 쉼을 안겨주기에 충분한 곳이었다.

엄마와 손 잡고 꽃길 걸으며

마을의 수호신

나주 상방리 호랑가시나무

상방리 마을 입구

호랑가시나무가 있는 나주 상방리. 우리는 늦은 오후 이 마을에 도착했다. 엄마는 오랜 세월 나주에서 살았지만, 이곳에 와본 것은 처음이라고 했다. 나주에 이런 곳이 있는지 전혀 몰랐다고. 마을 진입로에 들어서자 팽나무와 호랑가시나무가 우리를 맞이해주었다. 뒤편의 노을 때문인지 풍경이 그림처럼 다가왔다.

호랑가시나무, 이름이 참 재미있다. 호랑이가 등이 가려우면 이 나무의 잎가시에다 문질렀다는 유래가 있다. 주로 우리나라 남해안에 자생하는 나무라고 한다. 전북 변산반도의 호랑가시나무 군락과 광주광역시 양림동의 노거수 1주가 문화재로 지정되어 있으나, 이곳 나주 상방리 호랑가시나무처럼 큰 나무는 찾아보기 어렵다. 그래서인지 나주 상방리 호랑가시나무는 홀로 서 있는 독립수임에도 천연기념물로 지정되어 있다.

나는 가까이 다가가 나무를 자세히 들여다보았다. 높이는 2~3m이고 가지가 무성하며 털이 없다. 잎은 타원상 육각형으로 두껍고 윤기가 난다. 잎의 모서리 끝이 예리한 가시로 되어 있어 꼭 호랑이 발톱 같다.

"엄마, 한 번 봐봐. 정말 호랑이 발톱 같지?"

"진짜 그러네."

엄마는 잎의 모서리를 손끝으로 만져보았다.

"아기 호랑이 발톱인가봐. 아직은 날카롭진 않네."

엄마의 순진무구한 답변에 나는 웃음을 터뜨렸다.

잎 사이 사이에 열매가 달려 있었는데, 지름 8~10mm

정도 되는 동그란 모양이다. 9~10월에 열매가 적색으로
익는다는데, 때이른 방문이어서인지 빨갛게 익은 열매
를 볼 수는 없었다. 꽃은 4~5월에 피고 향기도 있다고 한
다. 엄마는 꽃이 핀 모습과 향기가 궁금하다며, 내년 봄
에 꼭 다시 오자고 말했다.

　잠시 스마트폰에서 호랑가시나무에 대한 정보 검색을
했다.

　'전북 변산반도 이남 등 보통 해변가 낮은 산의 양지에

서 자란다는 호랑가시나무가 어떻게 이곳까지 오게 되었
을까?'

갑자기 궁금해졌다.

그때 나이 지긋하신 할머니 두 분이 다가와서 어디에
서 왔느냐고 물었다. 나주와 광주에서 왔다고 하자 어떻
게 알고 왔는지 되물으신다.

"인터넷 기사에서 봤는데, 꼭 와보고 싶더라고요."

"근데 어르신은 언제부터 이 동네에 사셨어요?"

"나는 40년이 넘었지."

"나는 반백년."

"아, 정말요? 토박이시네요."

두 분과 이야기하는 사이에, 언제 오셨는지 다른 어르신 한 분도 와계셨다.

"마을 이장님이셔."

먼저 말씀 나눈 두 어르신들이 살짝 귀띔을 해주셨다.

마을 이장님은 호랑가시나무와 팽나무의 이야기를 들려주셨다. 임진왜란 때 충무공을 도와 큰 공을 세운 장군이 있었다고 한다. 바로 오득린吳得隣(1564~1637) 장군이다.

호랑가시나무와 팽나무 이야기를 들려주시는 마을 주민들

오장군은 충무공의 참모였다. 노량해전에서 충무공이 전
사한 뒤에도 끝까지 전투를 이끈 명장으로, 왜군의 총탄
을 맞고 할 수 없이 물러나서 이곳까지 들어왔다고 한다.

  오장군은 마을에 정착하면서 나무들을 심었다. 마을
왼쪽으로는 숲이 울창한데 반대쪽은 들판이어서 휑하게
보였기 때문이다. 마을의 좌청룡 우백호의 지세에서 오
른쪽 지세가 약하다 판단하고, 마을 입구에 많은 나무를
심어 숲을 만든 것이다. 주로 크고 오래 자라는 나무를 골
라 심었는데, 그때 심은 나무가 바로 느티나무와 팽나무
였다. 오장군은 마을의 평화와 주민의 건강을 위해 이 숲
을 잘 지켜야 한다고 강조했다고 한다. 지금은 호랑가시
나무 한 그루와 팽나무 십여 그루만이 남아있다. 그리고
오득린 장군의 기념비가 굳건하게 호랑가시나무 옆을 지
키고 있다. 마치 나주 상방리 호랑가시나무의 서사를 들
려주듯이.

마을 회관의 모습 이장님의 이야기는 어느새 팽나무 전설에서 마을가
꾸기 사업 이야기로 이어졌다. 이 마을은 1960년대에서
1970년대에 마을 인구가 400여 명이나 될 정도로 큰 마
을이었다고 한다.

그 당시 새마을 운동에 적극적으로 참여하여 전국에서
3등, 전남에서 최우수 마을로 선정되어 새마을훈장 협동
장을 수여받은 성과를 얻었다고 말씀하면서 내심 뿌듯해
하셨다. 이때 대통령 하사금과 마을 주민 모두의 봉사로
새마을 회관을 건립하였는데, 지금의 모습이 원형 그대
로의 모습이란다. 엄마와 나는 이장님의 안내에 따라 회
관 안으로 들어갔다. 내부는 되도록 어르신들이 회관으
로 나오고 싶은 마음이 들게끔 깔끔하고 편리하게 리모
델링했다고 한다. 전자 칠판, 컴퓨터, 식기세척기 등 현
대식 기기들도 갖춰져 있고 내부 공간이 꽤 실속 있게 구

성되어 있다.

　시작은 이랬다. 시골에 사시는 분들이 대부분 연로하셔서, 이분들이 회관에 나와서 함께 소통하는 작은 복지관을 만들고 싶은 바람이었다. 일종의 찾아오는 복지관이랄까. 어르신들이 요양원에 가는 시기를 5년 혹은 10년 늦추는 게 이장님의 최종 목표라고 했다. 상방리 주민들에 대한 이장님의 깊은 애정이 느껴지는 대목이었다.

　아직까지 공동체가 살아있는 마을, 나주 상방리. 팽나무와 호랑가시나무를 심었던 오득린 장군의 마음과 마을의 기운을 돋우는 풍수적 의미가 고스란히 이어지고 있는 느낌이다. 아마도 나주 상방리를 수호하고 있는 오득린 장군과 호랑가시나무, 이장님을 비롯한 마을 주민들 한분 한분의 선하고 따뜻한 마음 덕분이지 않을까.

아버지 같은 산

금성산

금성산을 오르고 있는 엄마

금성산은 호남을 대표하는 도시였던 나주의 진산이며 노령산맥의 동부맥이다. 높이는 해발 450미터로, 낮은 평야의 저지대에서 솟구쳐 꽤 높고 험준해 보이고, 산줄기가 남북으로 길게 뻗어 있다. 나주를 지키는 수호신처럼 우뚝 솟은 금성산은 곧고 당당한 기운을 품고 있다. 오래된 고찰이나 고도에서 느낄 수 있는 고고함과 신비로움이랄까. 축적된 시간과 역사가 금성산에 어떤 영험한 기운를 불어넣은 것만 같다. 삼한시대 이후 호남의 중심지였던 나주의 역사성은 금성산이 발산하는 이런 기운 때문인지도 모르겠다.

청명한 하늘, 맑고 시원한 공기, 등산하기에 딱 좋은 가을날이다. 처음엔 엄마와 나 단둘이 산에 오를 생각이었다.

"외할머니랑 엄마는 오늘 산에 가는데, 너희들도 갈래?"

혹시나 하는 마음에 던진 한 마디에, 아들과 남동생, 조카까지 함께하는 가족 등반이 성사되었다.

금성산을 오르는 진입로는 몇 가지 방법이 있는데, 엄마와 아이들도 함께 등반하는 것을 고려해서, 비교적 안전하고 빠른 등산로를 선택했다. 한수제 저수지-희망의 문-장원봉(금영정) 코스이다. 초보자에게도 별로 어렵지 않은 코스라고 해서 긴 고민이 필요 없었다.

먼저 한수제 저수지에 주차를 하고, 나무와 흙으로 만들어진 계단을 올랐다. 진입로 입구에 '불조심'이라고 써

산 중턱 희망의
문이 기분좋게
맞이해주었다.

진 노란 깃발이 등산객들을 맞아 주었다. 산은 사계절 내
내 특유의 아름다움을 선사하지만, 가장 매력적인 계절
은 역시 가을이 아닐까 싶다. 우연히 마주치는 가을빛 단
풍이, 여전히 푸르름을 고수하는 나무들과 조화를 이루
며 가을의 정취를 더해주고 있다.

등산로 중간마다 쉴 수 있는 공간이 마련되어 있어서
시간에 구애받지 않고 여유롭게 쉼을 누렸다. 산을 오를
때는 뒤따르는 엄마를 수시로 확인하며 앞장섰다. 초등
학생인 아이들도 함께여서 시간이 많이 걸릴 줄 알았는
데. 이게 웬걸! 다람쥐가 따로 없었다. 아이들은 산을 오
르는 게 아니고, 산을 타며 뛰어 올라갔다.

'나도 저럴 때가 있었는데...'

등산할 때의 또다른 묘미는 오가며 만나는 사람들이

다. 친구로 보이는 장년층의 어르신들, 등산복을 커플룩으로 맞춰 입은 두 쌍의 부부, 집 앞에 산책 나온 것 같은 가벼운 옷차림의 청년들. 그들은 각기 자기만의 속도로 산을 오르내리고 있었다. 3, 4미터 되는 거리에서 할머니가 내려오고 있었다. 점점 거리가 가까워지면서 허리춤에 단단히 묶은 라디오에서 흘러나오는 트로트 음악 소리도 더 크게 들린다. 할머니는 엄마를 쳐다보며 "힘드요?"라고 말을 건넸다. 엄마는 거친 숨을 정리하곤 "오랜만이라 힘드네요."라며 애써 웃음을 지어 보였다. 그 짧은 찰라의 순간에도 상대의 안부를 묻는 마음이 참 따뜻하고 정겹다.

등산로 양옆으로 나무들이 빼곡히 들어서 있어, 여기가 어느 정도 높이인지를 짐작할 수 없었다. 간단한 체육 시설이 있는 곳을 지나 중간 지점인 희망의 문에 도착했다. 핸드폰으로 검색했을 때는 한수제에서 희망의 문까지 대략 40분 정도 걸린다고 했는데, 우리 아이들의 활약 덕분에 실제로는 좀 더 적게 걸렸다. 엄마가 당초 내 예상보다 산을 잘 타기도 했고.

얼마 지나지 않아 돌탑이 보였다. 당연히 그냥 지나칠 순 없었다. 나는 주위에 있던 돌을 주워 돌탑에 얹고 두 손 모아 기도했다. 엄마도 소원탑에 돌 하나 올리고 잠시 눈을 감았다. 그리고는 근처 그늘이 있는 바위에 앉아 땀을 식혔다. 나도 엄마 옆으로 가서 나란히 앉았다. 벤치에 앉아 있던 아이들도 어느새 돌탑 가까이 다가가서 돌을 각각 한 개씩 올리곤 눈을 감았다. "무슨 소원 빌었어?"라는 나의 질문에 아이들은 비밀이라며 부끄럽게 웃었다.

엄마는 등산이 오랜만이라고 했다. 몇 년 전까진 마음이 심난하거나 잡념이 생기면 어김없이 새벽마다 올라왔다고 했다.

"교통사고 난 후에도 후유증 없이 걸어 다니는 게 얼마나 다행이야. 남들 가는데 다 가고. 사고 나서 큰 수술한 사람들은 등산은 엄두도 못 낸대."

엄마는 대단한 일을 했다는 듯이 자부심 넘치는 표정으로 말했다.

몇 년 전 엄마의 사고가 떠올랐다. 차를 폐차시킬 정도로 큰 사고였다. "이 정도면 죽거나 장애인이 될 수 있는데, 하늘이 도왔네요"라고 말했던 차량 견인업체 사장님의 말은 지금도 잊혀지지 않는다. 그때는 지금처럼 정상

소원을 비는 엄마

적으로 걸어 다닐 수 있을지 장담할 수 없는 상황이었다.
지금도 그 당시를 떠올리면 마음이 무거워진다.

드디어 우리의 목적지인 금영정에 도착했다.

"아~ 시원해!"

누가 먼저랄 것도 없이 엄마와 난 같은 말을 내뱉었다.
금영정 위에 서서 바라보니, '나주평야'라는 말이 실감
날 정도로 드넓은 대지와 평야가 펼쳐져 있다. 청명하고
푸른 가을 하늘, 바람결에 따라 생동감 있게 움직이는 구
름이 아니었다면, 마치 시간이 멈춘 것 같은 착각에 빠졌
을지도 모르겠다.

금성산. 산의 모습이 서울의 삼각산과 비슷하다 하여
나주를 소경이라고 부르기도 했다. 동쪽으로는 광주의
무등산을, 남쪽으로는 영암의 월출산을 마주 보고 있는
모양새다. 특히 나주의 서쪽 능선을 구성하고 있는 금성

금영정

산은 일찍부터 우리나라 최고의 명당이 있다고 소문난 곳이라고 한다. 고려 충렬왕은 금성산에 정녕공이라는 작호를 내려 제사를 지내게 했으며, 이후 전국 8대 명산으로 인정받게 되었다.

과거 삼별초의 나주 공략에 맞서 건곤일척의 승부를 벌인 치열한 전쟁터였던 금성산성을 품고 있는 곳, 전국 각지에서 사람들이 모여들어 한 해의 풍년과 태평함을 기원하였던 산신제를 지냈던 영산靈山으로서 금성산은 그 자락과 계곡마다 나주인의 역사와 이야기들을 품고 있다. 영산강이 나주의 어머니라면 금성산은 나주의 아버지 같은 산이다.

금영정에서 바라본 나주 시내 전경

chapter 2

나주의
숨은 보물

버들잎이 맺어 준 인연

완사천

완사천 산책길 옆 아름드리 나무가 동화 속 풍경같다.

"이 모든 것은 완사천의 버들잎이 맺어 준 인연 덕분입니다."

완사천 주변의 산책길을 걷다 보면 중간마다 완사천의 전설이 새겨져 있는데, 그중 내 눈길을 가장 사로잡은 구절이다. 엄마는 이곳은 여러 번 왔다며 마치 옛날 이야기를 들려주는 것처럼 완사천 이야기를 하나씩 들려주었다. 여행할 때 보통은 내가 엄마에게 이곳저곳을 소개하며 가이드 역할을 했는데, 오늘은 반대의 경우이다. 끊임없이 이어지는 엄마의 이야기가 정겹고 편안하다.

완사천은 나주시청 앞 300m 지점에 있는 샘물로 고려 태조 왕건과 관련된 유적이다. 왕건은 고려를 건국하기 전인 903년~914년 사이 궁예가 세운 태봉국의 장군으로 나주에 와서 후백제 견훤과 싸웠다. 전설은 이때의 이야기이다.

어느 날 왕건이 나주에 와 배를 정박시키고 물가 위를 바라보니 오색구름이 서려 있었다. 신기하게 여겨 그곳에 가보니 아름다운 처녀가 빨래를 하고 있는 것이다. 이때 왕건이 물 한 모금을 청하게 되는데, 처녀는 바가지에 물을 뜬 후 버들잎을 띄워서 건넸다고 한다. 급히 물을 마시면 체할까봐 천천히 마시도록 한 것이다. 왕건은 처녀의 총명함과 미모에 끌려 아내로 맞이하였고, 이분이 곧 장화왕후莊和王后 오씨부인이다.

후삼국 시대, 후백제의 뒤에서 고려 건국에 일조했던 것이 바로 나주에 기반을 두고 있던 오씨 가문이다. 주요

수송로인 영산강 일대를 관리했던 나주 오씨 가문은 딸을 왕건에게 시집 보낸 뒤, 왕건의 후견인 역할을 하며 고려 건국을 도왔다.

왕과 장화왕후 사이에서 태어난 아들 '무'가 후에 고려 제2대 왕에 오른 혜종이다. 그 뒤부터 이 완사천이 있는 마을을 흥룡동興龍洞이라 했는데, 왕을 용에 비유하여 혜종이 태어난 동네라는 의미이다. 그리고 그 샘을 빨래샘, 즉 완사천이라 부르게 되었다고 한다.

완사천은 왕건이 나주 호족세력과 인연을 맺는 시발점이 되었다는 점에서 의미가 있는 곳이다. 나주가 왕건의 왕위를 이어받은 2대 혜종의 출생지로, 고려왕실의 어향으로 불리는 계기가 되었다. 완사천은 1986년에 전라남도기념물 제93호로 지정되었다.

산책로 중간쯤 도착했을 때 잘 정리된 잔디 안쪽에 작은 샘터와 장화왕후의 모습이 눈길을 사로잡았다. 돌계단을 내려가서 바라보니 위에서 바라볼 때와 사뭇 다른 느낌이다. 좀더 아늑한 느낌이랄까. 아담하게 표현된 장화왕후의 모습이 꽤 사실적으로 묘사된 것처럼 보였다. 중앙에 우물처럼 보이는 곳을 들여다보니 작은 샘이다.

"우와, 예쁘다. 엄마도 한 번 봐봐."

푸르른 하늘과 흰 구름, 진초록빛 나무가 그대로 담겨 있다.

샘터를 나와 오른쪽 방향으로 걸어가니 꽤 커다란 조형물이 설치되어 있다. 처녀가 말을 탄 장수에게 물을 건

하늘을 고스란히 담고 있는 완사천 샘터

네는 조형물이다. 이 작품은 왕건과 장화왕후의 만남을 형상화한 것으로, 마치 영화의 한 장면처럼 극적 느낌이 들어 인상적이었다. 그 바로 위편에는 나주오씨 문중에서 세운 장화왕후 유적비가 세워져 있다.

왕건과 장화왕후의 운명적인 만남을 형상화한 조형물

엄마는 장화왕후를 형상화한 작품들을 보며 말했다.

"장화왕후가 상당한 미인이었나봐. 왕건이 첫눈에 반해 왕후로 삼은 걸 보면."

"엄마는 그런 사람 없었어? 살면서 내 인연이라고 생각했던 사람."

갑자기 궁금한 생각이 들어 불쑥 나온 말이었다.

"뭐 그런 사람이 있겠어."

엄마는 대수롭지 않게 대답했다.

"아빠는 어땠는데? 아빠는 어떻게 만났어?"

"동네 아주머니가 중매해 줬어. 그 시절엔… 처음엔 결혼할 생각이 별로 없었는데, 아빠가 매일 매일 우리 집에 찾아왔어."

아빠가 외할머니에게 어찌나 공을 들였던지, 외할머니가 아빠와의 결혼을 적극 추진했다고 한다.

돌아가신 아빠에게 물으면 뭐라고 대답하실까?

"당연히 내가 엄마를 쫓아다녔지. 너희 엄마가 예뻤거든." 아빠의 호탕한 웃음소리가 들리는 것 같다.

'아빠, 제 말이 맞죠?'

'버들잎이 맺어준 인연', 젊은 시절 엄마 아빠의 가슴 떨리는 설레임을 상상하며 나 혼자 미소 지어본다.

깊고 고요한 산사에 서린 서사들

불회사

불회사 대웅전 주변의 전경

불회사로 들어가는 진입로는 여유롭고 한적하다. 들어갈수록 서늘해지는 길가에는 측백나무가 줄지어 서 있고, 그 나무들을 배경으로 두 기의 돌장승이 마주 보고 서 있다. 이 장승은 현존하는 우리나라 돌장승의 백미라고 할 수 있을 정도로 뛰어나다. 현재 국가민속문화재 제11호로 지정되어 있다.

불회사 장승은 남녀 구분이 뚜렷하다는 게 특징이다. 자세히 보면 오른쪽이 할아버지 장승, 왼쪽이 할머니 장승이다. 얼굴 형상은 물론 얼굴 크기와 생김새, 남녀의 키까지 상당히 세밀하고 섬세하게 조각했다는 것을 알 수 있다. 엄마는 할아버지와 할머니 장승을 번갈아 쳐다보며 말했다.

"할아버지, 할머니 얼굴 표정이 아직도 선명하게 남아 있는 게 신기하네. 사람들이 코는 안가져갔나봐."

엄마의 말에 한바탕 웃었다.

"아, 정말이네."

할아버지 장승은 전라도 장승 특유의 툭 튀어나온 방울눈과 주먹코, 일자로 다문 입술이 인상적이다. 깊게 파인 눈썹, 콧등의 가로 주름, 콧방울의 모습이 험상궂게 보이지만, 길게 땋은 수염 때문인지 익살스러운 느낌도 있다. 할아버지 장승이 무뚝뚝하고 투박한 얼굴이라면, 할머니 장승은 정말 인자하고 서글서글한 시골 할머니 표정 그대로다. 할머니 장승 역시 방울눈에 주먹코이지만, 웃고 있는 듯한 광대와 입술이 친근감을 더해 준다.

불회사 입구에 마주하고 있는 돌장승

할아버지, 할머니 장승

실제 주변에서 만날 법한 할아버지와 할머니 모습을 현실감 있으면서도 다소 파격적으로 표현한 느낌이다. 유홍준 작가가 '유홍준의 한국미술사 강의'에서 언급했던 '장승의 소박한 아름다움과 생명의 힘, 파격의 미'가 바로 이런 느낌이라는 생각이 절로 들었다.

장승은 민간신앙의 한 형태로 마을이나 사찰 입구에 세워 경계를 표시하고 잡귀의 출입을 막는 수호신 역할을 하는 것으로 알려져 있다. 불회사의 장승 역시 경내의 부정을 금하는 수문신상이다. 민속학자들에 따르면, 원래 절에는 장승이 없었다고 한다. 사천왕상이나 금강역사상이 장승 역할을 수행했기 때문이다. 그러다가 언제부터인가 사람들이 장승을 절 어귀에 세우기 시작했는데, 이는 토착 신앙과 불교가 융화된 모습을 보여주는 것이라고 볼 수 있다.

오른쪽 계곡을 따라 올라가다가 도착한 불회사. 불회사는 백양사의 말사로 전라남도 나주시 다도면 마산리 소재의 덕룡산 중턱에 위치해 있다. 깊은 산속의 아늑한 분지에 고요하게 자리 잡고 있다. 낮고 완만한 오르막길을 걸어서 마주한 불회사는 자연과의 조화로운 정취가 대단히 인상적이었다. 산사의 자연스러운 아름다움을 있는 그대로 느끼고 싶은 분이라면 이곳 불회사를 꼭 들러보시길 추천한다.

백제 침류왕 원년(384)에 인도 승려 마라난타가 이 절을 세웠고(동진 태화 원년인 366년 마라난타 창건이라는 설도 있음)

신라 말에 승려이자 풍수설의 대가인 도선이 중건했으
며, 조선 태종 2년(1402)에 원진국사가 중창했다고 전해
지지만, 「불회사 사적기」 이외에는 뚜렷한 기록이 없다.
원래는 불호사였으나 1800년대 이후 불회사로 바뀌어
현재까지 내려오고 있다. 정조 22년(1798)에 불탄 것을 순
조 8년(1808)에 복구했지만, 6·25전쟁 때 일부 전각이 피
해를 본 뒤 복원되지 못한 채로 있다.

　가운데 두 개의 문을 통과한 후 계단을 오르자 대웅전,
명부전, 삼성각, 나한전, 요사채가 동백 숲을 뒤에 두른

채 가지런히 자리 잡고 있다. 때마침 종지기 한 분이 황금
빛 범종을 치고 계셨다.

"엄마, 타이밍 기가 막힌다. 우리가 운이 있나봐."

"그러게."

종이 있는 누각 난간에는 '소원을 말해봐. 말하는 대로
쓰는 대로 이루어지는 소원'이라는 현수막이 걸려 있고,
범종 양쪽 나무 기둥에는 나뭇잎 모양의 금박 소원지가
반짝이며 줄에 매달려 있었다.

"엄마, 우리도 소원 한 번 적어볼까?"

엄마는 내키지 않았는지 별다른 대답이 없다. 우리는 바로 대웅전으로 걸음을 옮겼다.

불회사는 특히 대웅전 처마의 절묘한 선이 보는 사람의 감탄을 자아내는 아름다운 사찰이다. 2001년 전라남도 지방유형문화재 제3호에서 국가지정문화재인 보물 제1310호로 승격하였다. 대웅전은 높다란 자연석 기단 위에 지어진 정면 3칸 측면 3칸의 날아갈 듯한 팔작지붕이다. 이곳은 비로자나불을 주존으로 삼존불을 봉안하고 있는데, 종이나 베로 만든 후 옻칠을 하고 다시 금물을 입힌 건칠불乾漆佛로, 보물 제1545호로 지정되어 있다. 경주 기림사의 건칠보살좌상과 함께 매우 희귀한 것이라고 한다. 이런 보물들을 소장하고 있다는 점이 여느 절과는 다른 불회사의 특별함이다.

불회사 범종

대웅전은 순조 8년(1808)에 중건한 건물로, 건물 안팎이 모두 조선 후기 불전 건물의 화려한 장식미를 잘 보여주고 있다. 문짝은 두꺼운 통판자로 짜서 불상과 연꽃 등을 새긴 희귀한 것이었는데 한국전쟁 때 잃어버렸다고 전해져 안타까운 마음이 들었다. 엄마는 대웅전 앞마당을 여유롭게 거닐며 말했다.

"절이 참 아담하고 이쁘다."

명부전은 1402년에 건립되어 200여 년 전에 중수한 정면 3칸, 측면 2칸의 건물이다. 칠성각에는 칠성탱화, 산신탱화, 원진국사의 영정이 있으며, 나한전에는 원진국사의 영정이 모셔져 있다. 경내에 있는 또 다른 원진국사의 부도는 전라남도 유형 문화재 제225호로 지정되어 있다. 고려 충숙왕 4년(1317)에 세워진 것으로 고려말 부

반투명한 베일로 감싸주는 운무가 산사의 정취를 더해주고 있다.

도 양식 변천을 이해하는 데 중요한 학술 및 역사적 가치가 있다고 한다.

절의 중창과 관련한 설화도 꽤 흥미로웠다. 원진국사가 한때 자신에게 은혜를 입었던 호랑이의 도움으로, 경상도 안동 땅에서 시주를 얻어 대웅전을 중건했다고 한다. 원진은 좋은 날을 택하여 상량식을 가질 예정이었으나, 일이 늦어져 어느새 하루 해가 저물고 말았다. 이에 원진은 산꼭대기에 올라가 기도하여 지는 해를 붙잡아두고, 예정된 날짜에 상량식을 마쳤다는 내용이다. 이때 원진이 기도하던 자리가 바로 일봉암이라고 한다. 오후 늦게 방문한 터라 일봉암까지 오르지는 못했다.

아름다운 문화재와 보물, 역사적인 장소로 유명한 불회사. 절 주위에는 전나무, 삼나무, 비자나무 등이 어우려져 아늑한 분위기를 자아내고 있다. 단풍이 가장 늦게 드는 지역으로, 그 빛깔이 인근에서 가장 아름답다고 한다. 그래서인지 늦가을까지 단풍을 오래오래 감상하고픈 사람들의 발길이 끊이지 않는 곳으로 유명하다. 엄마와 나는 때이른 방문으로 단풍의 절정을 보지는 못했지만, 그 나름의 운치가

있었다. 고즈넉한 절의 분위기와 단풍 머금은 초록빛 나무들이 가을 꽃을 피우기를 간절히 기다리고 있었다.

　해를 머금은 산, 동백 숲, 아름다운 사찰, 이곳을 반투명한 베일로 감싸주는 운무. 가까이에서 들리는 물소리와 새소리가 마치 꿈결 속 아득한 풍경 같다.

　내려가는 길, 조금씩 어둠이 드리우고 있었다. 왼쪽 길가에 가지런히 심어진 꽃무릇이 길을 밝혀주는 느낌이다. 나는 생각했다. 동백꽃이 필 무렵, 다시 한번 찾을 거라고.

그리운 곳을 거닐다

나주시 남외동

남외동 전경

가을이 물들 무렵 어김없이 다가오는 아빠 기일. 언제부터였더라. 시작은 기억나지 않지만, 그립고 정든 고향 나주 남외동으로 향하고 있는 나를 발견한다. 마치 아빠를 기념하는 나만의 의식처럼.

엄마와 아빠는 전남 구례 출신으로 동네 지인분의 중매로 만났다. 결혼과 동시에 아빠가 나주 전화국으로 취직하면서 나주로 이사하게 되었다고 한다. 그때 동네 사람들에게 가장 많이 들었던 말이 나주는 금성산 정기를 받아 기운이 남다른 곳으로, 가뭄에도 물이 마르지 않고 장마가 와도 큰 피해가 없을 만큼 살기 좋은 곳이라는 이야기였다고 한다.

부모님은 20대에 물려받은 재산 하나 없이 새로운 땅 나주에 왔지만, 함께 성실하게 일하신 덕분에 10년만에 집을 샀다고 했다. 처음 월세를 살았을 때 첫째인 나를 낳았고, 전세로 이사갔을 때 둘째를 낳으셨단다. 막내를 낳고 나서는 얼마 후에 남외동에 첫 집을 구입했다고 한다.

올해는 특별하게 엄마와 함께 어릴 적 살았던 우리 동네를 한 바퀴 돌아보았다. 처음으로 간 곳은 큰 길가에 있는 떡방앗간과 슈퍼였다. 이름은 바뀌었지만, 여전히 그 자리에서 떡방앗간을 운영하고 있었다. 그곳을 보니 설 무렵, 물에 불린 쌀을 가득 채운 대야를 들고 떡방앗간을 향해서 걷던 엄마와, 그런 엄마에 떨어질세라 엄마의 치맛자락을 잡고 딱 달라붙어 다녔던 어릴 적 내가 떠올랐다. 그 시절 우리의 뒷모습이 눈앞에 어른거려, 나도 모

여전히 그 자리를
지키고 있는
떡방앗간

르게 눈시울이 붉어졌다. 중년이 되면서 '엄마'라는 말만
들으면 괜히 울컥하고 뭉클해진다. 내가 엄마가 되어보
니 엄마라는 말이 더 마음으로 다가오는 느낌이다.

떡방앗간 옆의 슈퍼는 셔터 문을 닫은 채 자리를 지키
고 있었다. 아빠의 막걸리 심부름을 수없이 다녔던 곳이
었다. 철이 들 때쯤 아빠가 막걸리를 마셨던 이유에 대해
서 어렴풋이 알게 되었는데, 없이 살던 시절 허기를 달래
기 위한 식사 같은 것이었던 것 같다.

막걸리를 받아가는 날이면 여지 없이 치르는 통과의례
가 있었다. 아빠는 먼저 구례에 사시는 외할머니와 목포
큰아버지께 전화해서 안부도 묻고, 지난 서운했던 일들
을 토로하곤 했다. 마무리는 꼭 우리 삼남매 자랑으로 끝
났다. 엄마는 옆에서 전화요금 많이 나온다며 적당히 하

고 끊으라고 아우성이었다.

전화를 끊고 나면 우리 삼남매는 아빠 앞에 무릎을 꿇어야 했다. 첫째, 둘째, 셋째 순으로. 약주할 때마다 늘 반복되는 레퍼토리가 있다.

"아빠는 귀신 잡는 해병대 출신이야."

자부심 가득한 목소리로 시작했다가 베트남 파병 다녀온 이야기, 아빠 어릴 적 이야기 그리고 마지막엔 우리에게 열심히 공부하라는 당부의 말로 마무리하곤 했다.

"아빠는 전교에서 3등 안에 들었어. 없이 살아서 못 배운 게 한이다."

그랬다. 할머니는 어려운 시절 홀로 3남 1녀를 키우시느라 많이 힘드셨단다. 그럼에도 둘째 아들까지는 뒷바라지를 했지만, 막내였던 아빠의 학비를 댈 여력은 없었다고 한다. 그래도 더 배우고 싶은 열망에, 아빠가 당시

어릴 적 막걸리 심부름을 다녔던 슈퍼는 문이 닫혀 있었다.

직장생활을 하던 큰아버지께 학교를 보내달라고 사정했지만, 한 가정의 가장으로 4남매를 키우고 있는 상황에서 도움을 주지 못했다고 한다. 그래서인지 약주를 드실 때면 귀에 못이 막힐 정도로 들었던 말이 있다.

"못 배운 게 한이다."

"앞으로는 여자 남자 구별이 없을 거다. 대학 들어가면 바로 운전면허증 따고, 컴퓨터 자격증도 필수야."

"아빠는 못 배웠어도 너희들은 배우고 싶은 만큼 끝까지 가르칠 거다."

아빠는 이 말을 할 때면 뭔가 결기에 찬 듯한 다짐이라도 하듯이 힘주어 말하곤 했다. 그리고 아빠의 이야기가 끝나면 어김없이 오천원 짜리와 천원짜리가 아빠 주머니에서 나왔다. 장녀인 나는 오천원. 동생들은 사이좋게 천원씩. 철없던 사춘기 시절에는 교장 선생님 훈화나 잔소리처럼 들리기도 했지만, 용돈 받는 재미에 간혹 기다려지는 시간이기도 했다.

내 나이 스물여섯, 대학원에 다니던 때 갑작스러운 아빠의 비보를 듣게 되었다. 아빠는 공기업에서 30년 동안 기술직으로 근무하셨는데, 1997년부터 IMF 금융 위기를 겪게 되었다. 그 시기 아빠도 대규모 명예퇴직 바람을 피할 수 없었다. 준비되지 않은 상태에서 갑작스럽게 실직을 하게 된 아빠는 한동안 술을 많이 드셨다. 평생을 바쳐온 일터를 한순간에 놓아야 하는 상황에서 얼마나 허망하셨을까. 평소 간이 좋지 않았던 데다 스트레스까지 더

해져 갑작스레 아프셨던 것 같다. 우리 가족은 또 한 번의
뜻하지 않은 슬픔을 맞이하게 되었다.

낯설고도 낯익은
우리집 골목

　아빠의 장례식날, 직장에서 함께 일하시던 동료분이
많이 오셨다. 그중에 40대 초반 정도로 되어 보이는 아저
씨가 오시더니 나에게 두툼한 흰 봉투를 건네었다. 엄마
에게 말하려고 고개를 돌렸더니 조문객들 사이에서 인사
드리느라 정신이 없어 보였다. 아저씨를 쳐다보니 뜻밖
의 이야기를 꺼내셨다.

　"아버님은 훌륭하신 분이야. 내가 직장 다니면서 방통
대 다니는데, 후배들 공부하라고 근무도 바꿔주시고 학
자금도 오랫동안 도와주셨어. 아버님이 그동안 도와주셨
던 학자금이야. 동생들 학교 등록금에 보태면 좋겠다."

　그 이야기를 듣는 순간 나도 모르게 왈칵 눈물이 쏟아

졌다. 내가 몰랐던 아빠의 또 다른 모습을 마지막 가시는 길에 알게 되다니... 우리에게 한 번도 말씀하지 않으셨던 이야기라 더욱 놀랐다. 평소 과묵하셨지만 정이 많으셨던 아빠의 성격을 떠올려보면 고개가 끄덕여지기도 했다.

아빠는 그런 분이었다. 나보다는 가족을, 동료와 이웃을 생각하고 배려하시던 분. 어렵고 힘들게 살아왔지만 자식들 교육만큼은 아낌없이 최선을 다해 뒷받침해 주셨던 것을 생각하면, 감사하고 죄송스러운 마음에 고개가 숙여진다.

시선을 돌려 주위를 살펴보니 버스 정류장 표지판이 눈에 들어왔다. 예전엔 우리 동네를 다니던 버스가 없었는데, 남외1길 버스 정류장 표지판은 마치 오래전부터 그

늘 그리웠던 우리 집

자리에 있었던 것처럼 천연덕스럽게 서 있다.

집 바로 건너편에는 정확하게 무엇을 보관하고 있는지 알 수 없는 큰 창고가 있었는데, 지금은 현대적 디자인으로 리모델링해 국제 작가 레지던스로 활용되고 있다.

어느덧 창고 모퉁이를 돌아 낯설고도 낯익은 골목. 어릴 적 아빠의 넓고 따뜻한 등에 업혀 집으로 돌아오던 곳이다. 작고 소박한 집들이 옹기종기 모여있던 곳 가운데 자리 잡은 곳이 바로 우리 집이다. 까치발로 담벼락 너머 풍경을 바라보았다.

원래는 한옥이었는데 서양식으로 리모델링해서 생활하기에 편안했다. 마당에는 소박한 화단이 있었다. 화단 오른쪽 담벼락에 자리 잡은 사과나무와 대추나무는 늘 계절을 다 채우지 못하고 민낯을 드러냈다. 개구쟁이 삼 남매의 만행 덕분에. 마당을 가로지르는 빨랫줄에 걸린 새하얀 수건이 바람에 펄럭이는 시원한 소리를 들으며, 간혹 돛을 달고 바다로 나가는 배를 상상하기도 했다. 이제는 기억 속에서만 존재하는 풍경이다.

나무에서 알루미늄으로 바뀐 대문, 검은 기와 지붕, 친숙하면서도 다소 생경한 풍경을 보며 꽤 많은 시간이 흘렀음을 실감하였다. 어릴 적 내 키만 한 감나무는 이제 내 키를 훌쩍 넘어, 그늘을 거느리고 사람을 모은다. 엄마와 난 한참 동안 말없이 감나무를 바라보았다. 신기하게 어릴 적 표정을 그대로 지니고 있다. 늘 그립고 보고 싶은 마지막 아빠의 모습처럼.

어린 시절을 보냈던 집을 뒤로 하고 다시 왔던 길로 걸어보았다. 엄마도 말없이 함께 걸었다. 다른 곳과는 달리 오늘은 유난히 말을 아끼는 엄마. 아빠와의 추억을 소환하고 있는지도 모르겠다. 이 시간만큼은 나도 아무 말 없이 그냥 걸었다.

안도현 선생님의 '연어'라는 글이 가슴 깊이 파고든다.

그리움이라고 일컫기엔 너무나 크고, 기다림이라고

초저녁 남외동
풍경

부르기엔 너무나 넓은 이 보고 싶음. 삶이란 게 견딜
수 없는 것이면서, 또한 견뎌내야 하는 거라지만 이
끝없는 보고 싶음 앞에서는 삶도 무엇도 속수무책일
뿐이다.

어릴 적 얼굴이 남아있는 곳

남산

남문을 한 바퀴 돌아 오르막길을 따라 올라가면, 나주 중학교를 지나 남산이 보인다. 남산 자락에는 공원이 조성되어 있는데, 남산공원 또는 나주 시민공원이라고도 부른다. 엄마와 나는 남산에 도착하자마자 누가 먼저랄 것도 없이 과거의 추억을 하나둘씩 풀어놓기 시작했다.

남산은 어릴 적 내가 가장 많이 갔던 곳으로 기억한다. 자전거 뒷자리에 앉으면 아빠는 늘 이곳으로 향하곤 했다. 엄마 말로는 아빠가 동네 사람들에게 딸이 예쁘다는 말을 듣고 싶어서, 나를 많이 데리고 다녔다고 했다. 그래서일까. 나 역시 아빠가 보고 싶을 때는 남산을 자주 찾곤 한다. 남산의 문턱을 들어서는 순간 코가 시큰거린다. 아빠 냄새가 나는 것 같다. 나에게 남산은 아빠 품과 같은 공간이다.

엄마의 기억 속 남산은 어떤 모습일까? 문득 궁금해졌다.

"엄마는 남산을 어떻게 기억하고 있어?"

"우리들 놀이터였어. 동네 잔치는 여기서 다 했지."

실제로 1998년 나주 문화예술회관이 개관되기 전까지는, 나주시민회관이 나주시의 문화공간이었다. 나주시민회관이 이곳 남산공원 안에 자리하고 있었기 때문에 때가 되면 이곳에 모여 풍물대회, 지역 행사 등 각종 행사를 열곤 했단다. 동네분들이 함께 만나서 어울리고, 맛있는 음식을 나눠 먹으면서 흥을 나누고 자연스레 정과 유대감을 쌓았던 곳이었다.

남산 위에서 본
나주 시내 전경

　예나 지금이나 변함없는 남산의 가장 큰 매력은 우연히 마주치는 사람들의 따뜻한 일상이다. 길목마다 갖가지 나무가 자라고, 나무 사이사이로 보이는 나주 시내 풍경이 평화롭다. 남산을 걷다가 마주하는 어르신의 느긋한 모습, 벤치에 앉아 둘만의 세계에 빠져 있는 애틋한 연인, 잔디광장에 소풍 와서 맛있는 음식을 먹으면서 여유를 즐기고 있는 가족, 테니스장과 국궁장(활터)에서 자신만의 리듬과 속도로 움직이는 사람들. 그들의 소박하고 정겨운 삶의 풍경을 마주하며 나도 잠시 숨을 고르게 되는 느낌이다.

　엄마와 난 현충탑 100m라고 적힌 이정표를 따라 잘 단장된 길을 걸어 현충탑 앞에 도착했다. 한국전쟁 때 희생된 호국영령을 기리기 위해 세운 높이 8.2m의 현충탑인

'거룩한 얼의 탑'이 고결하게 서 있었다. 구한말의 의병장이었던 김태원金泰元과 조정인趙正仁을 기리기 위한 기념비도 역사의 목소리에 울림을 더하고 있다. 초저녁 하늘의 푸른 빛이 수많은 영령들의 결기가 서린 듯 색다른 분위기를 자아냈다.

내려왔던 길을 다시 거꾸로 오르다가 왼쪽 오르막길 끝에 다다르면, 정상에 팔각정이 있다. 팔각정 한편에는 '최고정'이라는 이름의 현판이 걸려 있다. 오래전에는 나무 정자가, 일제강점기에는 신사가 세워졌던 곳이라고 한다. 이곳에서 동문 쪽을 내려다보면 나주 금성산의 줄기가 눈에 잡힌다. 나주는 서울의 지세를 닮았다고 하여 예로부터 소경(작은 서울)이라 불렸으며, 현실적 여건으로 서울을 가지 못했던 영산강 이남 지역 주민들은 나주를 둘러보며 한양 구경을 한 것으로 위안 삼았다는 이야기도 전해진다.

내부 테니스장

거룩한 얼의 탑

엄마와 나는 팔각정의 가장 전망 좋은 곳에 서서 초저
녁 야경을 바라보았다. 팔각정을 중심으로 왼쪽으로는
나주의 드넓은 평야와 혁신도시가, 오른쪽으로는 나주
구도심이 펼쳐져 있다. 어둠이 점점 짙어져 하늘과 대지
를 감싸안았다. 작은 바람의 일렁임 때문인지, 도심 속
형형색색한 불빛들이 마치 크리스마스 전구처럼 반짝거
렸다.

나주를 찾는 사람들은 나주를 한눈에 바라볼 수 있는
장소로 빛가람 호수공원 전망대를 찾지만, 나는 단연코
남산을 추천한다. 물론 혁신도시 전망대에 비교하면 구
도심의 남산은 지극히 평범하고 너무도 소박하다. 빽빽
이 들어선 현대적인 건물이나 고층 아파트 대신 끝모를
지평선을 바라볼 수 있는 곳이다. 개인의 취향에 따라 다
르겠지만, 나는 이런 이유로 남산 팔각정 위에서 보는 나

주가 더 정겹고 소중하다.

　사람이 나이가 들면서 얼굴이 변하는 것처럼 도시의 모습도 점차 변해가기 마련이다. 하지만 어릴 적 얼굴이 여전히 남아있는 이곳 남산이 앞으로도 너무 변하지 않았으면 하는 소박한 바람을 가져본다. 과거를 추억하고 아름다운 현재를 만나는 기쁨을 오랜 기간 누리고 싶으니까.

나주의 아침

나주 목사내아, 금학헌

금학헌의 아침 풍경

새가 지저귀는 소리에 잠이 깼다. 그러고 보니 엄마가 교회 다녀온다고 새벽에 일어나서 나간 뒷모습을 어렴풋이 본 기억이 난다. 반쯤 뜬 눈으로 한옥 문지방 사이에 비치는 불투명한 햇살을 잠시 멍하니 바라보다가 화장실에 가려고 몸을 일으켰다.

어제 신고 왔던 운동화에 한 발을 넣었다가, 바로 옆 가지런히 놓인 고무신으로 갈아 신었다.

'아, 시원해.'

부드럽고 매끈하기까지 하다. 굵은 모래가 깔린 마당을 걸을 때마다 사각사각 소리가 난다. 내 오감을 깨우는 이 모든 풍경이 생경하면서도 왠지 편안한 느낌이다.

잠시 대문 밖으로 나가 근처를 걸었다. 신선한 아침 공기를 깊게 들이마시며, 내 몸에 새로운 기운을 가득 채워 넣었다. 좋은 기운을 충전한다는 마음으로.

눈 앞에 멋들어진 지붕이 눈길을 끈다. 정수루正綏樓. 누각형태로 지은 정수루는 나주관아의 정문이다. 정수는 의관을 단정하게 하라는 뜻을 지녔다. 관아를 들어서기 전 이곳에서 옷매무새를 고치고 바른 마음가짐으로 관아에 들어오라는 의미다.

정수루 2층에는 큰 북 하나가 걸려 있다. 이 북은 시간을 알릴 때 사용했다고 전해진다. 또 한편으로는 백성들이 억울한 일을 당하면 이 북을 쳐서 알리라는 신문고였다는 설도 있다. 이 설을 뒷받침이라도 하듯 눈앞에 안내문이 보였다.

정수루

정수루 큰북은 학봉 김성일이 나주목사로 재임하면
서 설치하였다... 나주목사로 부임하면서 민정民情이
막힐까 두려워하여 북을 하나 내걸도록 하였다. '만약
원통한 일을 하소연하고 싶은 자는 반드시 와서 이
북을 쳐라' 하였다. 그러자 백성들이 의견이 있으면
반드시 전달해 일이 막히는 법이 없어 위아래가 서로
화합하니 온 고을 백성들이 크게 기뻐하였다.

정수루의 북을 설치한 사람이 바로 조선통신사 부사였
던 학봉 김성일이다. 퇴계 이황 선생의 수제자이며 성리
학의 대가이다. 성품이 강직해 '대궐의 호랑이'라고 불리
기도 했다. 김성일은 나주목사로 부임해 나주 유력 가문
간의 갈등을 조정해 지역을 평화롭게 만들고 백성들에게
선정을 베풀었던 능력 있는 관리였다. 금성산 기슭에 대
곡서원을 세워 김굉필, 정여창, 조광조, 이언적, 이황 등

을 제향하고 선비들이 학문에 전념할 수 있도록 도왔다.

정치란 백성들의 목소리에 귀 기울이며 눈물을 닦아주
는 것이라고 했던가. 훌륭한 목민관이라면 백성에 대한
사랑이 가장 중요한 덕목이겠지. 엄마가 돌아올 시간이
된 것 같아 다시 금학헌으로 발길을 돌렸다.

전통 관아 특유의 단아함이 돋보이는 목사내아 정문을
들어서니, 어제 늦은 오후 들어설 때 보았던 풍경과 또 다
른 느낌으로 다가온다. 굵은 모래가 깔린 정갈한 마당과
목사내아, 오백 살도 넘은 '벼락 맞은 팽나무'가 오랜 시
간의 깊이를 짐작하게 한다. 팽나무 어디쯤 앉아 있는 까
치 소리도 금학헌의 아침 풍경에 운치를 더해주었다. 나
는 잠시 팽나무 아래 의자에 앉아 성스러운 아침을 맞이
했다.

금학헌琴鶴軒이란 '거문고 소리를 들으며 학처럼 고고하
게 살고자 하는 선비의 지조가 깃든 집'이란 뜻이다. 목사

내아는 조선시대 나주목사의 살림집으로, 정남향의 한옥이며 남도에서 보기 드문 ㄷ자형 구조이다. 지붕은 옆면에서 볼 때 여덟 팔八자 모양인 팔작지붕이다. 목사내아는 관아건축의 원래 모습을 연구하는데 귀중한 자료이다.

일제강점기 이후 군수의 살림집으로 사용하면서 원래 모습을 많이 잃어버렸으나, 복원을 거친 후 2009년부터 전통문화 체험공간 '금학헌'으로 제공되고 있다. 현재는 전라남도 문화재로 지정되어 있다.

유서 깊은 장소는 늘 그 중심에 사람이 있듯이, 후손들이 기억해야 할 누군가가 있다. 청렴하고 바른 정치로 나주 백성을 감동시킨 나주목사 독송 유석증과 경현서원을 창건하고 신문고를 설치하는 등 훌륭한 치적을 많이 남긴 나주목사 학봉 김성일이 그분들이다. 이 두 분을 기념하기 위해 '독송 유석증방'과 '학봉 김성일'방을 마련했다.

우리는 숙박을 위해 김성일방을 선택했다. 방의 안내문에는 이렇게 적혀 있었다.

> 퇴계 이황의 학맥을 잇는 유학자이며, 나주목사로서 선정을 베푼 학봉 김성일의 정신을 기념하기 위한 방... 현명한 김성일 목사 방에서 머무르는 모든 분들은 삶을 지혜롭게 사는 힘찬 기운을 얻어 출세가도를 달리게 되실 것이다.

사실 이런 곳에서 1박을 할 수 있다는 게 얼마나 행운인
가. 소중한 문화 유산과 함께 호흡한다는 게. 먼 훗날엔
숙박 체험을 못 하는 날이 올 지도 모르겠다.

혼자 이런저런 생각을 하며 앉아 있으니 어느새 엄마
가 돌아왔다. 엄마와 나는 팽나무를 만져보고 쓰다듬으
며 전설을 이야기했다.

"금학헌 팽나무에게 고민을 털어놓으면 소원이 이루
어진대."

오백 년 세월 동안 묵묵히 이곳을 지켜왔던 팽나무는
태풍이 몰아치던 어느 날 벼락을 맞고 두 쪽으로 갈라졌
는데 마을 사람들의 정성과 뿌리 깊은 나무의 생명력으
로 기적처럼 살아났다고 한다.

금학헌의 아침 풍경

거문고 소리를 들으며 학처럼 고고하게

엄마는 팽나무 앞에 서서 두 손을 모았다.

'엄마는 무슨 기도를 할까?'

순간 궁금했지만, 굳이 묻지 않아도 알 것 같다. 일하랴 아이 키우랴 애쓰는 두 딸 그리고 막내의 미래. 늘 자식들 걱정과 우리 가족의 안녕을 비는 기도일 것이다. 오백 년 동안 말없이 수많은 사람들의 이야기를 들어주었던 생명력 강한 팽나무, 지금 이 순간은 오롯이 나와 엄마의 마음속 이야기를 가슴 깊이 듣고 있으리라.

가끔은 타인의 고통에 무관심해지는 게 아닌지 염려하면서도, 아직은 인간의 품격을 잃지 않아 다행이라는 안도감으로 나의 기도를 시작해본다.

로마 사람들이 편지를 쓸 때, 늘 앞머리에 적는다는 문구를 읊조리면서...

당신이 편안하다면, 저도 잘 있습니다. Si vales bene est, ego valeo.

독보적인 기품을 자아내다

이로당과 소나무

나주읍성 서성문에서 금성관으로 가는 길에 이로당과 소나무가 있다는 동네 어르신의 말씀을 듣고 골목길을 걷기 시작했다. 목적지가 있음에도 목적지가 없는 것처럼 우리는 늦은 오후의 부드러운 햇살을 받으며 걸었다. 가을 거리의 풍경이 무르익어 가고 있었다.

"엄마, 저 앞에 금성관이 보이는데… 근처에 온 것 같아."

"근데 소나무가 어디 있지?"

특별하게 보이는 소나무는 아직 발견하지 못했다. 엄마가 오른쪽 뒤편을 가리키며 "혹시 저 소나무 아닐까?"라고 말했다. 다시 뒤쪽으로 발걸음을 돌렸다. 그러고 보니 큰 바둑알을 올려놓은 듯한 담장이 스마트폰으로 검색했던 모습과 비슷하다.

유난히 청명하고 푸르른 가을 하늘. 그 하늘 아래 범상치 않게 솟아 있는 소나무 한 그루가 몸을 내밀고 있다. 이로당의 소나무는 400년이 넘은 해송으로 조선시대부터 나주목의 관아 터로 사용한 주사청이 위치한 집무실 정원에 심어져 있었다고 한다. 마치 용이 용트림을 하며 하늘로 승천하는 듯한 모습에 영험함마저 느껴진다.

"우와, 이런 소나무는 평생 처음 봐. 엄마는 본 적 있어?"

"난 몇 번 보긴 했는데, 이런 사연이 있는 줄은 몰랐네. 다시 봐도 범상치 않네."

엄마는 나무 중간에 시멘트로 메워진 흔적을 손으로

푸르른 기상이 돋보이는 이로당의 소나무

가리켰다.

"저기 저 상처 좀 봐. 어마어마한 세월의 흔적이 느껴지네."

나무 기둥을 받치고 있는 두꺼운 철근 또한 모진 풍파를 견뎌온 시간의 무게를 짐작하게 했다. 서부길 곳곳에 오래된 나무는 많지만, 이곳 이로당의 소나무는 유독 푸르른 기상이 돋보여서 여행자들의 시선을 사로잡기에 충분했다.

잠시 후 전동인력거를 타고 온 부부가 가까이 다가와서 잠시 이로당 입구 쪽으로 자리를 비켜주었다. 운전석에 있던 가이드가 소나무의 유래를 간략하게 설명해 주고 있었다.

"마을 사람들은 이 나무를 용나무라고 불러요. 정말 귀하게 여기지요."

그 부부는 어디에서 왔느냐는 나의 질문에 여수에서 왔다며 구경 잘하시라는 말을 남기며 바쁘게 다음 코스로 이동하였다.

소나무의 뿌리가 내려앉은 곳, 바로 이곳이 이로당이다. 이로당은 1925년 창설된 나주노인회의 본거지이지만, 과거에는 나주목의 육방관속의 우두머리인 호장과 호방이 사무를 보던 주사청이 있었다. 원래 주사청은 지금보다 더 넓었다고 하는데, 새 도로가 생기면서 주사청의 일부 부지가 도로에 편입되었다고 한다. 지금보다 더 넓었을 과거의 주사청을 상상해 보면, 지금 문 옆에 있는 소나무가 과거에는 마당 한가운데쯤 있었을지도 모르겠다.

이곳에는 나주향토문화유산 1호로 지정된 조선시대 나주 향리와 관련한 오래된 문서들이 보관되어 있다. 1940년 나주읍사무소의 천장을 수리하는 과정에서 21점의 고문서가 발견되었는데 이것을 이로당으로 옮겼다고 한다. 이처럼 이로당은 역사적 가치가 매우 높은 이 자료들뿐 아니라, 나주노인회와 관련된 근현대 자료들도 함께 보관하고 있다는 점에서 많은 관심이 필요해보인다.

이로당 내부에서 보는 해송의 모습은 얼마나 대단한지 느껴보고 싶어서 대문을 살짝 밀어보았다. 아쉽게도 문이 굳게 잠겨 있다. 그러고 보니 '경로당 회원이 아니신 분은 출입을 금합니다.'라는 푯말이 걸려 있다. 이로당의 내부는 여행자들에겐 출입이 허용되지 않는 곳인 걸까.

이로당의 정면 모습

이로당은 어떤 모습일까? 잠시 내부를 상상하며 다시 소 연한 귤빛 노을 속
나무 앞으로 가까이 다가갔다. 이번에는 앉은 자세로 소 이로당과 소나무
나무를 올려보았다. 신기하게도 어느 곳에서 바라보느
냐에 따라 용의 움직임이 입체적으로 달라지는 느낌이
들었다. 당장이라도 하늘로 승천할 것 같은 역동적인 힘
이 느껴졌다. 어느새 드넓게 펼쳐진 연한 귤빛 노을이 이
로당과 소나무의 운치를 한껏 더해 주었다.

　지금까지도 지역 주민들로부터 무병장수와 소원 성취
를 기원하는 신성수로 전해져 오고 있는 이로당의 소나
무는 존재감이 너무도 강렬했다.

나주의 숨은 보물

쌍계정과 신숙주 생가

동신대에서 노안으로 가는 길, 얼마 가지 않아 왼쪽 골목길로 접어들었다.

"승용차 한 대가 지나가기에도 좁다란 길인데 혹시 마을 주민분과 마주치면 어쩌지?"

나는 혼자 중얼거리며 잠시 집중해서 운전대를 잡았다. 생각을 채 마무리하기도 전에 골목을 지나왔고, 작은 다리가 나왔다. 다리를 건너 눈앞에 180도 파노라마처럼 펼쳐진 풍경. 어마어마한 노거수와 운치 있는 정자가 우리의 눈을 사로잡았다.

바로 옆에 주차한 후, 엄마와 나는 쌍계정 가까이 다가갔다. 그 어마어마한 나무는 400년 된 느티나무로 보호수로 지정되어 있었다. 안내판을 보니 2005년에 수령이 400년이었으니, 거의 420년이 되어가는 셈이다. 6월 중순임에도 더운 열기가 느껴지는 날이었는데, 느티나무와 고색창연한 소나무 몇 그루가 어우러져 청아한 기분이 들었다. 여름이면 더 풍성한 녹음을 만들어 마을 사람들과 여행자들에게 시원함을 선사해 주리라.

나이가 들어가니, 좋은 것을 접하게 되면 소중한 사람들을 가장 먼저 생각하게 된다. 바로 혈육이다. 오늘 여행처럼 아름다운 풍경을 만날 때면 더더욱. 이 순간 엄마와 함께라서 좋다.

엄마는 이 장소가 꽤 마음에 드는 모양이다. 수십 번도 넘게 느티나무를 바라보고 또 바라보고, 심지어 어린아이의 머리를 쓰다듬듯 나무를 어루만지는 걸 보면.

"장엄하다. 자연의 순리다."

"우리는 기껏해야 백년 정도 살 텐데, 나무는 천년도 더 살 것 같아."

"정말 생각지도 못한 곳이야."

"그러니까. 나주에 이런 곳이 있는 줄은 꿈에도 몰랐어." 나도 들뜬 기분으로 맞장구를 쳤다.

"나무도 대단하고 터가 남다른 기운이 느껴져."

긴 시간동안 묵묵히 자리를 지키는 노거수를 바라보고 있자니 저절로 숙연해졌다.

"그리고 사람이 있어 좋다."

그러고 보니 쌍계정 마루에 아주머니 한 분이 누각 기둥에 등을 기댄 채 한가로이 책을 보고 있다.

나는 신발을 벗고 쌍계정 마루 위로 올라갔다. 누각 안쪽의 상단부에는 다양한 종류의 현판이 빽빽이 걸려 있었다. 단정하게 쓰여 있는 글씨를 보며 유서 깊은 역사를 짐작해 볼 수 있었다. 기억하고 계승하려는 고귀한 마음들이 고스란히 전해지는 느낌이다. 좀 더 안쪽으로 들어가서 입구 쪽을 바라보니 사성강당四姓講堂이라는 현판이 보인다.

고려의 대 문장가이자 외교관, 정치가인 설재 정가신은 전남 나주시 노안면 금안동 금안 마을에서 태어났다. 고려 후기 명신으로 문장과 학식이 뛰어나고, 성품이 정직하고 엄정해서 주로 문한직이나 감찰직 업무를 맡았다. 세자의 스승으로 임명되어 세자와 함께 원나라에 수차례 방문해 외교관으로서도 큰 역할을 했고, 훗날 세자가 왕이 되었을 때는 그를 도와 개혁정치에 힘썼다.

고려 충렬왕 때 정일품 재상이 된 정가신이 원나라 황제로부터 하사받은 황금 안장을 얹은 백마를 타고 금의환향한 데서 마을 이름이 유래되었다. 금안 마을은 전북 정읍의 무성리, 영암의 구림마을과 함께 조선시대 전라도(호남) 3대 명촌의 하나로 꼽혔다. 금성산을 병풍처럼 두른 곳으로 많은 인물이 난 것으로 유명하다. 금안마을은 '한글마을'로도 불린다. 한글 창제의 주역이자 조선 전기 명신인 신숙주가 태어난 마을이기 때문이다.

쌍계정은 금안마을 한가운데에 있다. 쌍계雙溪라는 이름은 금성산에서 흘러내린 계곡물이 정자 양쪽으로 흐르기 때문에 붙여진 이름이다. 정자의 쌍계정雙溪亭이란 한

마을 입구에서 본 쌍계정

쌍계정 내부의
다양한 현판

자 현판은 조선시대 명필 한호 한석봉의 글씨이다.

쌍계정은 원래 충렬왕 때 문정공 정가신이 나주 금성
산 북동쪽 자락의 금안동 중앙에 세운 누정으로 정가신
과 문속공 김주정, 문형공 윤보 등 이름난 학자들이 학문
을 닦고 교류하던 곳이라 하여 삼현당이라 부르기도 하
였다. 이후 조선시대에는 정서, 신숙주, 신말주, 김건, 홍
천경 등의 학자들이 학문 연구와 심신 수양에 힘썼던 장
소이다.

또 이곳에서는 대동계 모임이 이루어지기도 했는데,
'대동계'를 운영하며 향약의 미덕을 서로 나눴고, 마을
일을 의논하기도 했다.

엄마와 나는 잠시 쌍계정 마루에 앉아 노거수를 바라

보았다.

"여기 너무 깨끗하다." 엄마가 나에게 말했다.

"문화재니까 관리를 해요. 매일매일 청소하는 분이 계세요."

옆에서 책을 보던 아주머니가 고개를 들어 엄마의 말에 답했다. 나는 궁금한 마음이 생겨 아주머니에게 물었다.

"마을분이세요?"

"아뇨. 그냥 이 마을이 좋아서 왔다 갔다 하는 사람이에요."

"어머니가 따님하고 다니면서 즐겁게 사시네요."

아주머니가 덕담을 건네주신다.

"공부하고 계시나 봐요."

"그냥 쉬는 거예요. 이따가 동네 어르신들 나오시는데, 지금은 사람이 없어요."

나와 아주머니의 이야기를 듣더니 엄마도 한마디 보탠다. "멋있어요. 공부하고 책 보는 모습이 멋지네요."

"평범한 사람이에요."

엄마의 이야기에 쑥스럽다는 듯이 웃으며 대답했다.

"저도 딸하고 잘 다니는데, 시집보내고 나니 마음이 허전하더라구요. 이제 애들 다 키웠으니 저 하고 싶은 거 하고 살려구요."

아주머니는 짐을 꾸리더니 이제 슬슬 가 봐야겠다고 말했다.

"오늘 반가웠습니다."

쌍계정 앞 노거수 아래에서 우리도 어느새 풍경이 되었다.

"안녕히 가세요."

우리는 곧 다시 만날 친구처럼 작별 인사를 했다. 마지막까지 인사를 챙기는 아주머니와 엄마의 모습이 참 정겨웠다.

"엄마, 저 아주머니 말처럼, 엄마도 앞으론 하고 싶은 거 하면서 살았으면 좋겠어."

나는 엄마의 어깨를 감싸안으며 웃었다. 우리는 인근에 있는 신숙주 생가로 걸음을 옮겼다.

신숙주는 쌍계정에서 공부하며 자랐고, 과거에 급제한 다음 세종, 문종, 단종, 세조, 예종, 성종 등 6명의 임금을 섬기며 좌의정과 우의정, 영의정 등 3정승을 두루 지냈다. 조선전기 정치, 문화, 외교, 국방 등 다양한 분야에서 활약하며 나라를 위해 공헌한 명신이다.

그는 탐진강과 영산강 강물이 황해로 흐르는 것을 보고 '바다는 산골 깊은 계곡의 맑은 물이든 말과 소를 씻은 더러운 물이든 가리지 않고 받아들이는 곳'이라는 내용의 시를 읊었다.

나는 이 시를 생각하며, 단종을 폐위하고 수양대군을 임금으로 추대한 사건이 떠올랐다. 불사이군不事二君의 충절을 지키지 않았다고, 쉽사리 변하는 숙주나물에 빗대 백성들의 놀림을 받았다는 일화를 한 번쯤은 들어봤을 것이다. 사육신과 생육신을 추앙하는 절의파의 입장에 보면 신숙주는 항상 비판의 대상이었지만, 당대에 신숙주에 대한 평가는 이와 달랐다고 한다. '큰일에 처하여 중요한 결정을 내릴 때는 강하를 자르듯 하였다'는 평가처럼, 그는 역사의 큰 흐름 속에서 제 역할을 하는 것이 중요하다고 생각했는지도 모르겠다.

1441년 집현전 부수찬이 된 신숙주는 책을 좋아해 장서각에서 귀중한 서책들을 밤새도록 읽었다. 세종이 그의 학구열에 감탄해 손수 어의를 하사했다는 일화는 유명하다.

1443년 신숙주는 일본통신사 서장관으로 임명돼 외교 무대에서 활약하기도 했다. 탁월한 문장과 능숙한 외교로 조선의 위상을 높였다.

일본에서 돌아온 신숙주는 세종의 명을 받아 성삼문, 박팽년, 정인지와 함께 '훈민정음' 창제라는 역사적 대업에 참여한다. 그는 중국어, 일본어, 몽골어, 여진어 등에 능통해 조선의 음운 구조와 비교 분석하는 일을 하기도 하고, 당시 요동으로 유배 중이던 명나라의 뛰어난 언어학자 '황찬'에게 조언을 구하기 위해 성삼문과 함께 열 차례 이상 그곳을 방문하기도 한다.

세종과 집현전 학사들의 각고의 노력 끝에 1446년 드디어 '백성을 위한 언어' 한글이 반포되었다.

집현전 학사 중에서도 신숙주는 훈민정음 프로젝트의 핵심 인물이었다. 훈민정음의 해설서인 '훈민정음해례본'과 당시에 통일되지 않았던 우리나라의 한자음을 바로 잡아 표준음을 정하려는 목적으로 간행된 '동국정운' 편찬에도 큰 역할을 했다. 지금도 이 책들은 국어학을 연

구하는 이들에게 중요한 자료로 이용하고 있다 하니, 그
의 업적은 저절로 기려지고 있는 셈이다.

이후 '국조보감'을 펴낸 신숙주는 1457년 세조에게 '나
의 위징'이라는 찬사를 받는다. 위징은 중국 당나라 태종
때 정치가로 태종의 행실 하나하나까지 지적하며 간언하
기를 서슴지 않았다. 태종은 이런 위징의 모습에 죽이고
싶을 만큼 화가 난 적도 있었지만, 결국 그가 있어서 자신
의 치세가 '정관의 치'라는 태평성대를 이뤘다는 것을 알
게 된다.

위징이 죽자 태종은 이렇게 말했다고 한다.

사람이 거울에 자신을 비춰보면 의관을 단정히 할 수
있고, 역사를 거울로 삼으면 나라의 흥망성쇠의 도리

를 알 수 있으며, 사람을 거울로 삼으면 자신의 잘잘
못을 알 수 있는 법이다. 위징이 죽었으니 나는 하나
의 거울을 잃어버렸다.

세조에게 신숙주는 당 태종 때 위징처럼 '사람의 거울'
역할을 한 신하였던 것이다.

성종은 즉위 후 신숙주를 영의정에 임명했다. 신숙주
는 '세조실록', '예종실록' 편찬에 참여하고, '동국통감',
'국조오례의' 등을 편찬하였다. '해동제국기'를 지어 일
본과 외교에 도움을 주었다.

1474년 58세 때 신숙주가 성종에게 지어 바친 '사직의
소疏'는 지금까지도 국가 경영의 모든 비책이 담긴 명문장
으로 평가받는다.

나라 다스림은 오직 마음 하나에 달려 있습니다. 근
본을 일삼으면 백성이 부유해집니다. 나라가 부유해
지는 것이 백성이 부유해지는 것만 못합니다.

백성을 생각하는 마음, 민본주의를 꿈꿨던 신숙주 선
생의 삶의 흔적을 마음 깊이 되새기며 충만한 마음으로
걸음을 옮겼다.

기적의 성당

노안천주교회

나주 동신대학교에서 나주 IC 쪽 방향 도로를 운전하다가, 왼쪽 노안면 양천리로 접어들었다. 구불구불 좁다란 시골 샛길을 따라 올라가다 보니, 어느새 성당 입구가 보였다.

부드러운 가을빛을 후광처럼 품은 예수님상이 두 팔을 활짝 벌려 엄마와 나를 따뜻하게 맞이해 주었다. 가까이 다가가니 '예수성심 이 세상에 주님의 나라를 세우소서'라는 글귀가 새겨진 작은 대리석비가 눈에 띈다.

"나주에 이런 곳이 있다니..."

소풍날 숨은 보물을 발견한 것처럼 가슴이 뛰기 시작했다. 엄마는 아주 오래전에 지인들과 이곳에 한두 번은 와본 기억이 있다고 했다.

"이렇게 아담하고 예쁜 성당은 드물 거야."

야트막한 언덕을 오르자 붉은 벽돌의 아담한 성당이 나타났다. 늦가을의 고즈넉한 풍경과 어울리는 고풍스러운 곳. 마치 유럽의 작은 교회당을 연상시킨다. 노안천주교회는 나주에서 최초로 세워진 성당으로, 100년이 넘은 나주 카톨릭 역사의 산증인이며 전국에서 20번째로 오래된 곳이라고 한다.

성당 건물의 정면 출입구는 종탑 형식으로 되어 있다. 종탑 아래쪽은 3면을 아치 형태로 돌을 쌓아 만들었고, 위쪽은 벽돌을 쌓아 종탑을 완성하였다. 종탑 꼭대기에는 여느 성당처럼 십자가가 세워져 있다. 출입구 양쪽으로 부출입구가 있고, 건물 측면의 낮은 창문 역시 아치 모

양이다. 건물 곳곳에 다양한 아치를 조화롭게 배치한 게 인상적이었다. 벽돌을 쌓아 올린 노안성당은 맞배 형식의 붉은 아스팔트 지붕을 씌워 원형을 잘 보존하고 있다는 평가를 받고 있다. 2002년 9월 그 가치를 인정받아 국가등록문화재로 지정되었다. 성당 입구 오른쪽 '108 이슬촌길' 주소와 문화재청 '대한민국 근대문화유산' 간판의 변색된 모습에서 시간의 흔적이 느껴졌다.

성당 바로 옆 청동으로 만든 신부님 동상은 마치 어린 왕자를 연상하게 했다. '성 김대건 안드레아' 신부님 동상의 청동 빛깔이 붉은 벽돌의 성당 색과 절묘하게 어우러지는 느낌이다.

성당 마당 안쪽에는 돌로 쌓아 만든 곳에 성모 마리아 상이 있고, 그 왼편으로 작은 원형 무대와 대리석 단상이

부드러운 가을빛을
후광처럼 품은
노안천주교회

마련되어 있다. '아마도 특별한 날에는 이곳에서 야외 행
사를 진행하지 않을까'라는 생각이 들었다. 바로 옆에는
2층짜리 벽돌 건물이 서 있다. 사제관처럼 보이는데, 사
람의 인기척이 느껴지진 않았다.

"여긴 빈 집 같은데...이제 사람이 안 사나 봐."

엄마는 저 멀리 보이는 집을 손가락으로 가리키며 말
했다.

"저 위쪽에 사는 거 아닐까?"

성당 앞마당을 여유롭게 둘러본 후, 엄마에게 성당에

얽힌 이야기를 꺼냈다.

이 작은 성당에는 믿지 못할 기적의 이야기가 전해진
다고 한다.

한국전쟁 중 나주를 점령한 인민군들은 성당과 교회
를 눈엣가시로 여겼다. 어느 날 인민군 장교가 부하들을
불러 주민들이 성당에 가지 못하도록 성당을 불태우라고
지시했다. 그 말을 듣고 병사들이 불을 지르러 가는데,
언덕 위 성당이 붉게 타오르고 있었다. 병사들은 그 모습
을 보고 '다른 병사들이 벌써 불을 질렀구나.' 생각하고

노안천주교회
출입구와 '성 김대건
안드레아' 동상

는 그냥 돌아갔다. 그런데 나중에 알고 보니 그것은 환상
이었고 성당은 멀쩡하게 건재했다.

이후 성당이 그대로인 것을 보게 된 인민군 장교가 다
시 성당을 불태우라고 지시했고, 이번에도 똑같은 이유
로 성당 건물이 훼손되지 않았다. 기적은 그것으로 그치
지 않았고, 또 한 차례 같은 일이 반복되었다. 똑같은 일
이 세 번이나 계속되자 이곳은 신자들에게 기적의 성당으
로 알려지기 시작했고, 그런 사실이 외국 선교사에 의해
전달되어 미국 TIME지에 보도되었다고 한다.

엄마는 이야기를 듣고 나더니 놀라는 표정이었다.

"하나님의 능력이야. 인민군이 없애려고 했어도 하나

실외 작은 원형 무대

님이 불꽃같은 눈동자로 지켜주고 계시다는 증거 아닐까? 아마도 숨은 사역자들이 있었을 거야."

엄마는 힘주어 말했다. 기독교인이기도 한 엄마는 이 놀라운 기적에 대해 크게 감동한 것처럼 보였다.

뜻하지 않은 감동을 선사해 준 노안 성당, 기적의 서사를 담고 있는 이곳에서 엄마와 나는 저마다의 작은 기적을 바라며 소망과 바람을 품어보았다. 나주의 숨은 보물인 이곳 노안천주교회를 엄마와 함께 방문한 것 자체가 이미 기적의 시작이었다.

chapter 3

나주 정신이
살아 숨 쉬다

학생 항일 운동의 불꽃을 지피다

나주역사와 나주학생독립운동기념관

어릴 적 서울에 사는 이모댁을 갈 때면 늘 이곳을 찾곤 했다. 아이 셋을 챙겨야 했던 부모님은 멀리 시내쪽에 있는 터미널보다 걸어서 5분 거리인 기차역을 더 자주 이용했다. 나주에서 야간 열차를 타면 새벽 4~5시쯤 서울에 도착하는데, 이동하는 동안 기차에서 자고 다음 날 일정을 소화하는 게 수월하다고 했다. 40년 이상의 시간이 지났음에도 여전히 건재하고 있는 나주역사의 모습은 볼 때마다 너무도 신기했다.

2001년 나주시청 앞으로 나주역이 이전하면서 지금은 KTX나 SRT가 그 자리를 대신하고 있지만, 가끔은 기차의 심장 소리가 더 가깝게 느껴졌던 그 시절 서울행 무궁화호 열차가 그립고 생각난다.

단정한 삼각 지붕, 아담한 역사의 모습이 어릴 적 기억하던 모습 그대로다. 실제 1970년 일본 기와를 골슬레이트로 바꾸고 개찰구 위치를 변경한 것을 제외하고는 역사의 기본 구조나 골조 목재 등은 원형 그대로라고 한다. 이후 2007년 중순 전면 개보수를 거쳐 온전한 상태로 보존되어 있다. 나주역사는 현재 전라남도 기념물로 지정되어 있으며, 역사 내부는 나주역 영업 당시 개찰하는 모습과 역무원들의 근무 모습이 재현되어 있다. 때마침 엄마와 내가 방문한 날 '나주 시민의 날' 행사가 진행되고 있었는데, 그 시대 복장을 한 공연팀과 시민들이 어우러져 역사 안이 활기에 넘쳤다.

역사 내부의 벽 한 켠에는 그 당시 나주 역사의 모습이

담긴 흑백사진이 걸려 있다. 지금과는 전혀 다른 모습이
다. 중앙 벽면에는 열차시간표와 여객운임표가 게시되
어 있었다. 유리 전시대 안에는 빛바랜 무궁화호, 통일호
승차권과 손때 묻은 구간도장 등이 추억을 되새기고픈
여행자들의 발길을 사로잡는다. 요즘은 스마트폰 어플
에서 구입한 전자 티켓으로 대체되어 꽤 아득한 기억이
되어 버렸다. 때론 어릴 적 빳빳한 열차표의 감촉이 그리
울 때가 있다.

　　나주역. 일제강점기 시절 전국적으로 뜨겁게 달아올
랐던 학생 항일운동의 계기가 되었던 사건의 역사적 현
장이다. 1929년 10월30일 광주발 열차가 나주역에 도착
했을 때였다. 일본 학생이 한국 여학생의 댕기를 당기며
희롱하자 이에 격분한 여학생의 사촌 동생이 일본 학생
에게 따졌는데, 일본 학생이 사과는커녕 조선인이라고
멸시하는 발언을 했고 그 결과 큰 싸움이 벌어지게 되었

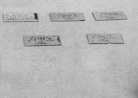

나주 역사의 예전
모습이 담긴 전시물
이 여행자의 발길을
사로잡는다.

나주학생독립기념관

다. 이때 출동한 일본 경찰은 한국 학생을 구타하고, 일본 학생은 두둔하는 편파적 모습을 보였다.

이 사건을 계기로 대규모 항일 시위가 일어나게 되었고 그해 11월 3일 독립운동으로 확산되었다. 당시 많은 학생들이 일본 경찰에 체포되어 고초를 겪었다. 이때 학생독립운동은 3.1만세운동, 6.10만세운동과 함께 일제강점기 때 일어난 3대 독립운동의 하나로 평가될 정도로 우리나라 독립운동사에서 매우 중요한 사건이었다.

당시 사건을 기념하기 위해 2008년 7월 25일 나주학생독립운동 기념관이 건립되었다. 학생독립운동 진원지인 '옛 나주역' 옆에 자리를 잡은 것도 상징적 의미가 있을 것이다. 엄마와 나는 1층에 마련된 그 시절 한복을 입고 전시장 곳곳을 둘러보았다.

"우와, 엄마 꼭 소녀 같다."

엄마는 부끄럽다는 듯 수줍게 웃었다.

그 당시 역사를 생생하게
일깨울 수 있는 전시

　기념관의 내부는 지역의 식민지 상황과 학생독립운동의 전개 과정 등 그 당시 역사를 생생하게 일깨울 수 있는 전시 위주로 구성되어 있다. 1층과 2층에 전시한 디오라마와 유물 그리고 영상관에서 흘러나오는 영상을 통해 당시 학생운동의 현장감이나 분위기를 느낄 수 있었다.

　'독립만 된다면 독립 정부의 문지기라도 좋다.'라고 하신 김구 선생님의 말씀을 떠올리며, '나주 정신'의 의미를 생각해 보았다. 과거부터 역사의 고비마다 치열하게 싸워왔던 나주인들의 희생과 장엄한 역사를 한층 더 깊게 알게 되면서 숙연한 마음이 들었다.

"가장 낮은(조용한) 말이 태풍을 일으키고, 비둘기 걸음으로 걸어오는 사상이 세계를 움직인다."라는 니체의 말처럼 낮은 음성이 시작된 이곳, 나주 역사에서 그 깊고 숭고한 목소리에 귀 기울여 본다.

우연과 필연

영산포 역사 갤러리

영산포 역사 갤러리. 건물 외관부터 근대 건축물의 흔적이 느껴진다. 문을 열고 들어서자마자 입구에 앉아있는 안내해설사가 친절하게 맞아 주었다. 그 순간 엄마와 안내해설사가 서로 놀라며 두 손을 붙잡고 반가워했다.

김정숙 안내 해설사님. 엄마와 30년이 넘은 인연이다. 엄마는 삼십 대 초반부터 봉사를 시작했는데, 주로 나주시나 교회에서 하는 봉사에 참여했다. 양로원이나 영아원, 저소득층 등 취약 계층을 대상으로 설거지와 청소, 도배, 김장 담그기, 쌀이나 학자금 지원 등 봉사란 봉사는 다 해 보았단다.

사춘기 시절, 나는 엄마가 왜 돈도 안 되는 봉사를 그렇게 열심히 하는지 이해할 수 없었다. 내가 스물 여섯 대학원 다니던 해에 아빠가 돌아가셨는데, 그 이후에도 엄마의 봉사는 계속되었다.

엄마와 30년 넘은 인연의 해설사를 우연히 만났다.

'아빠가 돌아가셨는데, 봉사 대신 경제 활동을 해야 하지 않나?'

막상 엄마에게 입 밖으로 꺼내지 못했지만, 지금 생각해 보면 철이 없었던 것 같다.

김정숙 여사와는 봉사를 하면서 처음 알게 되었다고 한다. 엄마는 나주교회, 김정숙 여사는 영산포 중앙교회에서 여전도회 활동과 봉사를 하면서 가까워졌단다. 여전도회 회장이었을 때 서로 도움을 주고받

는 든든한 동기같은 그런 관계라고나 할까. 알고 보니 동
갑내기여서 친구처럼 지냈다고 했다. 그 시절 교회 행사
나 모임에서 자주 만났지만 임기를 마친 후엔 연락이 끊
어졌는데, 생각지도 못한 곳에서 이렇게 만날지 몰랐다
며 마냥 반갑고 신기해하셨다.

　김정숙 여사는 엄마에게 잠시 앉으라며 갤러리 안내
데스크 옆자리를 권하셨다. 그사이 난 근처 카페에서 복
숭아 아이스티 세 잔을 사서 두 분께 챙겨드리고 나도 마
셨다. 안내해설사를 잠시 내려놓고, 엄마와 오랜 벗으로
서 그간 못다 한 이야기를 나누었다.

　오늘 엄마의 여행은 오랜 친구와 뜻밖의 추억 여행.
이런 게 바로 여행의 즐거움이 아닐까. 그날따라 우리
일행을 제외하곤 다른 관람객들은 없어서 다행이라 생

영산포 역사갤러리
전경

각하면서 나 홀로 관람을 시작했다. 전시 공간이 그리
크지 않아서인지 관람하는 내내 엄마와 여사님의 웃음
소리가 시원하게 들려왔다. 괜스레 나까지 덩달아 기분
이 좋아졌다.

　1908년 한국에 이주한 일본인의 사업 자금 지원을 위
해 광주농공은행 영산포 지점이 설립되었고, 10년 후 농
공은행을 모체로 한 조선식산은행이 설립되었다. 영산

영산포 역사갤러리
내부 모습

포 사람들은 이 건물을 '식산은행'이라 불렀다. 해방 후
에는 가게로 활용되다가 2012년 나주시가 매입, 개조하
여 2015년 영산포 역사를 한눈에 볼 수 있는 역사 갤러리
로 개관했다. 일제강점기 조선식산은행 건물을 개조해
영산포의 역사와 홍어 관련 내용을 전시할 공간으로 만
든다는 발상이 흥미로웠다.

　전시장에는 영산포 지명 유래, 영산포 등대, 중요 근대
건축물 등이 소개되어 있다. 고려 시대 흑산도 사람들의
이주에서 시작되어, 개항 이후 호남 3대 근대도시로 성
장하고 영산강 대표 도시로 발전한 영산포의 역사와 변
천 과정을 알 수 있었다.

　그밖에 삭힌 홍어의 유래, 홍어의 효능, 홍어 삭히는
법과 보관 방법, 다양한 홍어 요리 등 홍어의 역사가 안내

영산포 역사갤러리
내부 모습

되고 있었는데, 실제 그 당시를 고증하는 사진을 배경으로 설명글이 작성되어 있어 이해하기 쉬웠다.

전시장 한편에는 홍어 애국, 홍탁삼합, 홍어찜 견본이 전시되어 식욕을 불러일으켰다. 옆에는 큰 항아리 위에 짚으로 된 뚜껑이 덮여 있었고, 홍어 삭히는 방법이라는 설명이 적혀 있었다.

갤러리에서 마지막으로 본 것이 홍어 전시여서인지, 오늘 저녁 메뉴는 고민할 필요가 없었다. '필연은 우연의 옷을 입고 나타난다'는 E. H. 카의 말을 떠올리며 근처에 있는 홍어 거리로 걸음을 옮겼다.

홍어로 만든 대표 음식과 홍어를 삭히고 있는 항아리가 전시되어 있다.

화려했지만 아픈 역사의 증인

영산포 등대

영산포 선착장에서 바라본 영산포 등대

영산포 등대로 이동하기 위해 영산포 선착장 부근 주차장에 차를 세웠다. 차에서 내리자마자 홍어 냄새가 코를 찌른다. 아니나 다를까 홍어 식당들이 즐비하게 늘어서 있다. 영산강 황포돛배를 타러 갈 때면 늘 지나가던 곳이었는데, 관심을 갖지 않아서인지 등대가 있는 줄도 몰랐다. 아니 무심코 지나쳤다는 말이 더 정확한 표현일 것 같다. 엄마도 황포돛배를 수없이 타러 왔는데, 한번도 관심있게 보지 않았단다.

영산포 등대는 일제강점기 1915년 영산포 선창에 건립된 등대이다. 당시 이 지역에서 볼 수 없었던 철근 콘크리트로 지어진 이 등대의 몸체에는 거푸집 흔적까지 있을 정도로 기본 원형이 잘 남아 있어 역사적 가치가 크다.

영산포 등대는 목포에서 영산포까지 48km의 영산강 뱃길을 타고 수산물과 곡물을 실어 나른 선박을 안내했다. 내륙 하천가에 있는 국내 유일의 강변 등대로, 등대 기능과 범람이 잦던 영산강의 수위 측정 기능도 겸했다. 등대 가까이 가서 살펴보니 실제 눈금과 수치가 표시되어 있어 신기했다.

등대 위를 올려다보니 문득 한번 올라가고 싶은 생각이 들었다. 지그재그로 된 계단을 올라 등대 위로 올라갔는데 안으로 들어가는 문은 예상대로 잠겨 있었다. 아쉬운 마음에 눈앞에 펼쳐진 영산강을 배경 삼아 하얀 등대 머리 사진을 찍었다. 도시 전체가 세계문화유산으로 지정된 피렌체에서 두오모가 대표적 상징물이듯이, 이곳

영산포 등대와
영산강 주변 전경

영산포에서는 하얀 영산포 등대가 랜드마크 자리를 차지
해도 손색이 없을 것 같다. 특히 영산강 조망을 만끽하고
싶은 분이라면 이곳 영산포 등대를 추천하고 싶다.

영산포 선창은 1960년대까지 각종 선박이 왕래하면서
수많은 수산물이 유통되었다. 하지만 1978년 영산호 물
막이 공사로 뱃길이 끊어지면서 자연스레 등대 구실을
못하게 되었고, 영산포도 이후 '불 꺼진 항구'가 되었다.
하지만 이 영산포 등대는 밤에는 등댓불을 켠다. 화려했
던 영산포의 과거를 알려주기 위해서다.

영산포 등대 옆에는 1922년에 세운 '영산구교'라 부르
는 다리가 강을 가로지르고 있다. 현재의 시멘트 다리 전
의 영산구교는 나무다리였다고 한다. 이 다리는 1914년
호남선 철도 전 구간이 개통되면서 영암, 강진, 장흥, 해
남, 완도 등의 지역과 나주를 연결하는 중요한 교량으로

영산포 지역 상권의 번영을 가져왔다.

영산포 지역은 당시 해상 교역에서 중요한 역할을 했던 곳이다. 호남선 철도 개통 이듬해인 1915년에 이 등대를 건립한 것으로 보아 일제가 영산포를 호남 지역의 수탈 거점으로 삼았음을 짐작해 볼 수 있다. 이 하얀 등대는 영산포의 화려했지만 아픈 역사의 증인으로 여전히 우뚝서 있다.

영산포의 오늘과 내일엔 어떤 일들이 펼쳐질까. 영산포 등대는 오늘도 말 없이 지켜보고 있다.

나주의 작은 궁궐

금성관

금성관 입구 대문을 들어서자 멋들어진 팔작지붕의 객사 건물이 보인다.

고향. 누구에게나 그리운 단어이다. 고향인 나주에 오면 거의 빠짐없이 들르는 곳이 있다. 바로 금성관이다. 금성관에 들어서면 큰 기와지붕 건물과 그 뒤편에 있는 600년 이상 수령의 큰 은행나무가 한눈에 들어온다. 그 규모나 명성, 나주 구도심 한복판이라는 입지조건 그리고 주변에 있는 나주곰탕 맛집까지 관광객들에게 금성관은 '나주 답사 1번지'로 손색이 없다.

나주 금성관은 나주목의 객사건물로 관찰사가 업무를 보고, 조정에서 내려온 사신들이 묵어가던 곳이다. 조선시대 전패와 궐패를 모시고 망궐례를 행하던 객사 건물로서 정면 5칸, 측면 4칸의 팔작지붕으로 되어 있다. 전국의 객사 건물 중 그 규모가 가장 웅장하다. 그래서인지 옛 나주읍성의 역사성과 상징성을 지닌 작은 궁궐이라고 불리는 곳이다.

금성관은 팔작지붕을 하고 있어 일반적인 맞배지붕 객사와 대비되는 희귀성을 갖는다. 근처에 위치한 나주향교 대성전도 일반적인 향교 대성전의 지붕형태인 맞배지붕이 아니라, 팔작지붕이라는 점에서 지역적인 특수성이 반영되었다고 볼 수도 있겠다.

어느 장소든 반복해서 가다 보면 가장 편안함을 주는 나만의 장소가 생기기 마련이다. 도서관에 가면 늘 정해진 나의 지정석처럼. 나주목 객사 동쪽 건물인 동익헌 대청마루가 바로 그런 곳이다.

동익헌 앞마루에 앉아 넓다란 마당을 바라보며 잠시

정면에서 바라본
금성관

역사적 시간을 상상해 보았다. 임진왜란 때 의병장 김천
일 선생이 이곳에서 의병을 모아 출병식을 가졌고, 명성
황후가 시해되었을 때 이곳에도 빈소가 차려졌다. 이곳
은 나주 사람들의 의로움과 항일정신을 대표하는 장소이
다. 일제강점기 이후 나주 군청 청사로 사용되면서 원형
이 크게 변형되었으나, 1976~1977년 금성관을 완전해체
한 뒤 거의 원형에 가깝게 복원하는 작업이 이뤄지면서
지금의 모습을 갖췄다고 한다.

아빠와 엄마는 모두 고향이 구례인데, 결혼과 동시에
아빠가 나주전화국으로 취직하면서 나주로 오게 되었단
다. 결혼 초 이사오면서 주소지를 옮기는 등 군청 업무를
봤던 터라 엄마는 군청 청사의 모습이 너무도 또렷이 기
억난다고 했다.

유난히 맑고 무더운 늦여름, 엄마는 동익헌 마루에 자리를 잡았다.

"100명은 족히 눕겠네."

나는 마루에 걸터앉은 엄마에게 말했다. 엄마는 어서 앉으라며 손짓을 했다. 마루 중간 기둥에 등을 기대어 앉아 있는데, 설익은 가을을 담은 바람에 마음까지 시원해졌다.

"바람이 너무 좋다. 집에 있었으면 더워서 죽을 것인디..."

엄마의 말에 왠지 모를 만족감이 느껴졌다.

객사 건물 뒷마당으로 돌아가 보면 수령이 600년 넘은 우람한 은행나무 두 그루가 시선을 사로잡는다. 뒤편에 보이는 금성산의 능선도 참 아름답다. 금성산의 정기를

실은 바람이 가을을 재촉하는 느낌이다. 시간이 지나면
서 파란 바탕에 솜털 같은 구름 사이에 있던 태양이 어느
새 나무 중앙에 자리를 잡았다.

"엄마, 저기 나무 봐봐. 해를 품은 나무네."

엄마와 나는 두 팔을 뻗어 나무를 안아보았다.

"우와, 어마어마하네. 나무를 안으려면 세 명은 더 있
어야겠어."

엄마는 마치 이 나무를 처음 보는 것처럼 신기해했다.

금성관 뒷마당에 있는
'해를 품은 은행나무'

엄마와 나는 잠시동안 그렇게 나무를 안고 있었다. 나무의 심장소리와 온기가 느껴지는 것 같았다.

우리는 더위를 식힌 후, 자리에서 일어나 곰탕집으로 향했다.

"징하게 재밌었네. 올여름 들어 제일 시원한 바람이다."라는 엄마의 말. 매번 방문할 때마다 느끼는 익숙하지만 신선한 여행, 이제껏 존재했지만 보이지 않던 것들을 발견하고 재조명하는 일은 참 흥미롭다. 그 안에서 여행자는 아름다움을 느끼고, 마음껏 상상하며, 시간을 거닐 수 있을 것이다.

두 팔을 뻗어 나무를 안고 있는 엄마와 나

나주의 숨결을 느끼다

나주 향교

나주 향교. 단정하고 정갈한 기와 지붕과 태극 문양의 대문이 눈길을 끈다. 오른쪽에 자리한 두 개의 비석. '나주향교'와 '대소인원개하마' 비석이다. '대소인원개하마' 의미를 살펴보니, '향교는 공자를 비롯한 선현을 모시는 곳으로 "이 곳을 방문하거나 지나가는 사람들은 신분의 고하를 막론하고 말에서 내려라."라는 뜻이다'라고 적혀 있다. 엄마와 나는 마치 말에서 내리듯 겸손한 마음으로 돌담길을 따라 걸어 들어갔다.

　　소담하고 낮은 담장 덕분에 향교 내부가 고스란히 보인다. 오랜 세월의 흔적이 켜켜이 쌓인 돌담이 마치 현재와 과거를 연결하는 경계 같다. 향교 입구로 향하는 좁은 길을 걸으며 골목길의 정겨운 감성과 여운을 느껴본다. 아파트와 넓은 도로에 익숙해진 나에게 골목은 낯설고 신선한 장소이다. 엄마와 손을 잡고 걷다가도, 마주 오는

명륜당을 중심으로
한 배움의 공간이
뒤쪽에 자리하고
있다.

사람이 있으면 잠시 담장 쪽으로 비켜주어야 한다. 바로
이 지점에서 골목의 정체성이 살아난다. 나와 엄마의 간
격도 이처럼 손을 뻗으면 닿을 만큼 좁디좁은 골목길이
면 좋겠다.

　나주는 천년 목사골인 만큼 나주목사가 머물던 관아가
자리잡았고 그만큼 유림들의 위세도 막강했다. 나주는
농업이 산업의 근간을 이루던 삼국시대부터 곡창지대로
풍요를 누렸던 곳으로, 고려시대부터 조선시대까지 약
천 년 동안 목으로서 지위를 유지한 전라도의 대표적 고
을이었다. 나주목은 전주부에 이어 호남에서 두 번째 가

는 고을이었으므로 향교 규모도 상당히 큰 편이었다.

　나주향교는 훌륭한 유학자의 제사를 지내고, 지방민의 유학교육과 교화를 위해 나라에서 지은 교육기관으로 태조 7년(1398)에 지어졌다. 공자를 비롯한 중국의 5성五聖, 송조 4현宋朝四賢과 우리나라 선현先賢 18분의 위패를 모신 건물로 나주향교의 중심에 자리잡고 있다. 이 때문에 향교의 배치 방법이 일반적인 향교와 다른 특색을 보인다. 대부분 명륜당을 중심으로 한 배움의 공간을 앞에 두고, 뒤에 제사 공간이 있는 전학후묘의 형식을 따르고 있는데, 이곳은 대성전과 명륜당의 위치가 바뀐 전묘후학

오랜 세월의 흔적이 켜켜이 쌓인 향교 돌담길

을 따른다.

나주향교는 조선시대 교육 시설 중 성균관 다음이라고 말할 수 있을 정도로 규모가 클 뿐 아니라 교육과 제사의 고유 기능을 간직하고 있어 중요한 가치를 지닌다. 따라서 현존하는 향교의 시설물들은 한국의 전통적 공립학교 건축으로 의미가 크다고 볼 수 있다. 과거에 성균관에 불이 났을 때 나주 향교를 모델로 재건했다고 한다. 1985년 전라남도유형문화재 제128호로 지정되었으며, 2007년 사적 제483호로 지정되었다.

특히 나주향교의 대성전은 보물 제394호로 그 규모가 대단히 웅장할 뿐 아니라 건축 양식과 격식이 뛰어나, 조선시대 향교건축을 대표할 수 있다는 점에서 건축학적 가치가 크다. 앞면 5칸, 옆면 4칸의 단층건물로, 지붕은 팔작지붕을 올렸다.

대성전 옆 은행나무는 1982년 보호수로 지정되었다. 그 당시 수령이 600년이었으니 지금쯤 642년이 된 셈이다. 엄마는 은행나무를 한참 동안 바라보았다.

"와, 대단하다. 4명은 끌어안아야겠네!"

잠시 후 세 명의 아주머니가 은행나무를 보러 다가왔는데 그 중 한 분이 아는 분이셨는지 엄마와 가벼운 목례를 하며 인사를 나누었다. 그 분들이 대성전으로 발걸음을 옮기면서 나눈 이야기가 바람결에 스치듯 들려왔다.

"나주 시민이라면 한 번쯤 와야지."

아주머니의 목소리에는 나주 시민의 자부심이 묻어나

는 듯 했다.

조선시대에는 국가로부터 토지, 노비, 책 등을 지급
받아 학생들을 가르쳤으나, 갑오개혁(1894) 이후에 교육
기능은 없어지고 봄·가을에 제사만 지낸다고 한다. 이
곳에 보관하고 있는 책은 이 지방 향토사 연구에 귀중한
자료이며, 현존하는 향교 건물들도 그에 맞는 수준의 위
엄을 보여주고 있어 상당한 가치가 있다고 평가하고 있
다. 이런 귀중한 문화유산을 품고 있는 나주가 자랑스러
웠다.

역사성을 지닌 향교는 과거에 머무르지 않고 현재에도
배움의 장을 마련하는 역할을 수행하고 있다. 해마다 여
름에는 서당이 개설되고 시민들의 전통혼례식장으로도

이용된다고 한다. 나주 정신이 살아 숨 쉬는 곳, 나주 향 교는 과거에도 그래 왔듯이 앞으로도 굳건히 이곳 나주 를 지키리라.

　나주의 숨결을 느끼고 싶은 분들은 꼭 이곳에 들러보 시길.

명륜당 앞에 앉아 있는 엄마와 나

조선의 선비정신을 느끼다

사마재길

'나주 사마재길'을 스마트폰으로 검색했다. 나주읍성 고샅길 서부길 코스로 나주 향교 다음 코스이다.

"여기가 맞나? 잘못 온 건 아닌가?"

"분명 여기 근처인 것 같은데."

어릴 때부터 지금까지 향교를 수십 번은 와보았건만, '나주 사마재길'이란 이름도 장소도 너무 낯설었다. 향교로 들어가는 출입구에 도착하기 전, 엄마가 말했다.

"혹시 여긴가?"

오른쪽 돌담 사이로 작은 골목길이 눈에 들어왔다.

한번도 가본 적이 없는 생소한 길이다. 적어도 내 기억속에선. 흙과 돌로 만들어진 담장 위에 기와가 올려진 낮은 돌담길, 담장 너머 하늘로 뻗어있는 은행나무와 감나무. 좁고 구불구불한 골목을 거닐면서 우리가 마주한 풍경들이다. 누가 따서 올려놓은 것인지, 아님 혼자 떨어진 것인지 만지면 움푹 들어갈 것 같은 주황색 감 하나가 낮은 돌담 기와 위에 놓여 있다.

아담한 골목 모퉁이를 돌자 확 넓어진 길이 나왔다. 골목의 모양이 마치 사다리꼴 같다. 담벼락 한쪽에 '서부재 사마재길'이라는 푯말이 붙어있다.

"와, 찾았다!"

잘못 온 건 아닌지 고개를 갸우뚱거리는 찰나였는데, 맞게 왔나 보다. 다행이다. 그리 길지 않게 이어지는 담벼락에는 '신숙주 한글 고샅길'이라는 글귀와 함께 세종대왕과 신숙주의 모습, 신숙주의 글이 벽화로 표현되어

낮은 기와의
돌담길이 정겹고
다정하다.

있다.

"나주에 이런 곳이 있었네."

엄마는 호기심어린 눈으로 벽면 여기저기를 살펴보았다.

장소마다 분위기가 다르고, 어느 곳에 있느냐에 따라 사람들의 마음이 조금씩 달라지듯 이곳에 흐르는 공기는 묘하게 내 마음을 가라앉혔다. 이 길을 걸으며 사마재로 향했을 생원과 진사들을 상상하며 예전 수험생 시절이 떠올랐다. 해도 해도 끝이 안 보이는 공부와 보이지 않는 미래. 힘든 시절을 버텨나갈 수 있게 힘이 됐던 것 중 하나가 같은 길을 걷고 있는 친구들이었다. '길동무가 좋으면 먼 길도 가깝다.'라는 말처럼, 서로의 상황과 처지를 너무도 잘 이해했기에 서로가 서로에게 그 시절을 이겨내는 힘이 되어 주었다. 문득 그 시절 함께 공부했던 친구들이 너무도 그리워진다.

사마시는 생원진사시라고도 불리는데 생원시는 유교 경전에 대한 이해를, 진사시는 문학적 능력을 측정한다. 이 시험에 합격한 생원과 진사들이 모여 학문을 연마하고 후진을 양성하던 곳을 사마재라고 불렀다. 나주의 사마재는 1879년 목사 백낙연이 창건하였다. 전라도의 '라'가 나주의 첫 글자에서 따온 것에서 알 수 있듯이, 나주목

신숙주 한글 고샅길

은 호남의 대표 고을이었기에 사마재 역시 그 규모가 상
당히 컸다고 한다.

생원이나 진사가 되어 성균관에 입학하거나 관직을 갖
게 되는 경우도 있었지만, 최종 목표를 생원과 진사 그 자
체에 두는 경우도 있었다고 한다. 이것은 선비로서 소양
을 검증받고 가문의 명예를 높이기 위한 목적도 있었을
것이다. 조선시대는 당시 가문이나 지역의 위상을 이야
기할 때 얼마나 많은 생원이나 진사를 배출했는지가 기
준이 되기도 했다고 하니, 나주목 사마재 선비들의 위상
이 어느 정도였을지 가히 짐작이 갔다.

감나무 아래 마을
어르신들이
반갑게 여행자들을
맞이해주셨다.

생각보다 길지 않은 가벼운 여행 코스 덕에 늦은 오후
사마재길을 여유롭게 산책했다. 골목길을 걷는 동안 한
옥 카페와 한옥 스테이도 눈에 띄었는데, 역사적 공간에
어우러져 자리하고 있는 모습이 신선하면서도 이색적이
었다. 우리는 과거와 현재가 공존하고 있는 골목길을 걸
으며, 시간 여행을 하는 듯한 착각에 빠져들었다. 어느새
골목을 빠져나오니 잘 정돈되어 있는 초록색 잔디가 눈

앞에 푸르게 펼쳐져 있다.

잔디 한쪽에는 동네 어르신 몇 분이 감나무를 그늘 삼아 평상에 앉아, 여행자에게 다정한 시선을 건넸다. 우리는 그 시선에 이끌려 그분들께 다가갔다.

"이로당과 소나무를 보러 가려고 하는데, 어느 길로 가면 될까요?"

어르신 한 분이 손가락으로 가리키며 "저 골목으로 가서 금성관 쪽으로 가다 보면 바로 오른쪽에 보여. 멀지 않아서 걸어가도 돼."라고 알려 주셨다. 엄마와 나는 그분이 알려 준 곳으로 발걸음을 옮겼다.

사마재길과 마을 풍경이 절묘하게 어우러진 풍경이다.

내가 죽거든 곡을 하지 마라

백호문학관과 영모정

길찾기 앱에서 영모정에 도착했다는 알림음이 들렸다. 오른쪽 진입로를 찾아보았다. 들어가는 진입로가 여러 곳이어서 우선 하나씩 들어가 보았는데, 두 곳 모두 일반 사유지인 것 같다.

"이 근처인 것 같은데, 어디지?"

골목을 다시 빠져나와 오른쪽으로 들어가니 좀더 큰길이 나왔다. 오른쪽 완만한 언덕에 백호 문학관이 보인다. 어찌나 반갑던지. 엄마와 나는 백호 문학관을 먼저 살펴보기로 했다.

백호 문학관. 이곳은 백호 임제의 흔적을 더듬을 수 있는 곳이다. '16세기 조선의 가장 탁월한 문장가'라고 쓴 촌평이 현관에 걸려 있고 마당에 그의 유언을 새긴 '물곡사비'가 세워져 있다.

사해제국 오랑캐들이 다 스스로를 황제라 일컫는데 오직 우리 조선은 중국을 섬기는 나라이다. 이런 욕된 나라에서 살면 무엇을 할 것이며 죽은들 무엇이 아깝겠느냐. 내가 죽거든 곡을 하지 마라.

임종을 앞두고 그가 자제들을 불러 놓고 남겼다는 유언, '물곡사'이다. '물곡勿哭'은 울지 말라는 뜻이다. 사학자 문일평은 "임백호의 멋진 생애에서 가장 감격적인 장면은 그의 위대한 임종이다."라고 경의를 표했다.

우리는 백호문학관 내부로 들어갔다. 오른쪽 선반에

는 백호문학관 리플릿이 비치되어 있고, 책상 위에는 '시
성 임백호–그 생애와 문학과 사상'이라는 책이 놓여 있
었다. 책을 넘기고 있는데 사무실 안에서 젊은 여성 직원
이 다가와 반갑게 인사를 했다.

"관람 다 하신 후에 책 필요하시면 가져가셔도 돼요."

"고마워요."

엄마는 내심 반기는 기색이다.

우리는 계단을 따라 2층으로 올라갔다. 기획전시실과
영상관, 상설 전시실이 운영되고 있다. 우리는 먼저 상설
전시실로 들어갔다. 전시공간에는 임제의 초상화와 가
계도, 백호 연보가 벽면에 게시되어 있다.

그리고 그의 소설 작품인 원생몽유록, 수성지, 화사를
입체적으로 전시하고 있어 여행자들의 발길을 사로잡았
다.

'원생몽유록元生夢遊錄'은 한 선비가 꿈속에서 단종과 사
육신을 만나 슬프고 분한 마음으로 고금의 흥망을 토론

하는 내용으로, 세조의 왕위찬탈을 소재로 정치권력의
모순을 비판하고, 인간사 부조리에 대한 회의를 드러낸
작품이다. 그리고 '수성지愁城誌'는 마음을 의인화하여 인
간의 심적 조화의 필요성을 드러낸 작품이다. 천군이 다
스리는 나라에서 훌륭한 신하들에게 보필을 받으면서
도, 무고하게 죽임을 당한 충신 의사들 원혼의 호소를 풀
어주지 못하고 세월만 보내는 장면은 정치현실에 대한
비판으로 볼 수 있다. '화사'는 식물을 의인화하여 나라
의 흥망성쇠를 드러낸 작품으로, 이를 통해 우의적으로
인간세계를 풍자하였다.

   이러한 임제의 작품은 의인화, 우의 등의 기법을 사용
해서 정치 현실이나 사회를 비판하거나 풍자하였다. 부조
리한 현실에 대한 시대의식을 소설에 투영했다는 점에서,

청년기, 중년기, 만
사 시기별로 전시
된 임제의 작품들

이 작품들은 문학사적으로 큰 의미를 지닌다.

임제의 작품을 청년기, 중년기, 만사로 나누어 시기별 대표 작품을 전시하고 있는 공간도 매우 인상적이었다. 그는 1천수가 넘는 방대한 시와 산문, 소설을 남겼다. 한문소설로 '수성지愁城誌', '화사花史', '원생몽유록元生夢遊錄' 등 3편이 있고, 문집으로는 '임백호집' 4권이 남아있다. 임제의 '석림정사' 친필 현판, 제주도 여행기 '남명소승', 친필 미공개 시편 등을 전시하고 있었는데, 이런 작품 속에서 그의 존재감이 강렬하게 다가왔다.

전시실 가장 안쪽에는 이익의 성호사설, 김형재의 대동소학 등의 글에 남겨진 백호 임제의 유언 '물곡사'가 게시되어 있다.

전시실을 나와 기획전시실로 이동하였다. 기존 전시를 마무리하고 새 전시를 준비 중인지 전시대가 텅 비어 있다. 우리는 2층 야외로 나가 마을을 에워싸고 있는 산

과 저 멀리 길게 뻗은 영산강 물줄기를 바라보았다.

임제의 유언 '물곡사'

2층 내부로 다시 들어가니 연세가 있어 보이는 남성 어르신이 엘리베이터에서 내리셨다.

"안녕하세요. 어디에서 오셨어요?"

낯선 여행자를 만나면 늘 내가 먼저 하던 질문이었는데, 오늘은 웬일인지 엄마가 먼저 말을 건넸다.

"성남이요."

"경기도 성남이요?"

"혼자 오신 거예요?"

나도 한 마디 보태어 질문했다.

"혼자 다니는 게 편해요."

"어떻게 나주까지 오셨어요?"

갑자기 여행의 이유가 궁금해졌다.

"역사적으로 유명한 분들 찾아다니는 게 취미예요."

"우와, 대단하시네요."

"구경 잘 하시고, 즐겁게 여행하세요."

우리는 낯선 여행자와 담소를 나눈 후 영모정으로 향했다.

백호기념관에서 오른쪽으로 조금만 내려가면 전원주택 옆 비좁은 골목이 보인다. 집 앞에 주차하고 있는 아주머니께 인사를 드리며 길을 물었다.

"이 근처에 영모정이 있다는데, 어디로 가면 되나요?"

그분은 바로 옆 골목을 손으로 가리키며 대답했다.

"여기로 100미터 정도 쭉 올라가면 오른쪽에 정자가 보일 거예요."

"감사합니다."

"근데 이 집 주인이세요?"

호기심이 많은 나는 친근하게 물었다.

"아, 네."

"집이 참 좋네요."

아주머니는 유쾌하게 웃으며 집으로 들어갔다.

좁디좁은 골목을 따라 올라가니 오른쪽 언덕에 영모정이 자리 잡고 있다. 저 멀리 영산강이 한눈에 내려다보인다. 깊고 푸르른 영산강이 유유히 흐르는 그림같은 풍경. 가슴이 확 트인다. 영모정은 400여 년이 된 팽나무를 비롯해 느티나무, 푸조나무 숲으로 빙 둘러싸여 있다. 단정하고 고아한 멋이 배어있는 느낌이다. 녹음이 짙어지기 전 연푸른 잎들이 영산강을 머금은 바람에 설레듯 흔들린다.

영모정은 임제의 조부 임붕이 1520년(중종 15년)에 지은
정자이다. 처음에는 자신의 호를 따서 귀래정이라 하였
으나, 그의 사후에 두 아들 임복과 임진이 다시 지으면서
영모정으로 개칭했다. '어버이를 길이 추모한다'라는 의
미이다. 이곳에서 임제가 글을 공부하고, 시를 짓고, 여
러 문인과 교류하였다.

영모정은 정면 3칸, 측면 2칸의 겹처마 팔작지붕의 누
정으로, 온돌방 1칸과 마루 2칸으로 주위에 폐쇄적 벽과
문으로 구성되어 있다.

임제는 당대의 명문장가이자 호방하고 쾌활한 시풍을
지닌 천재 시인으로 이름을 떨쳤다.

우주 간에 늠름한 육척의 사나이

취하면 노래하고 깨면 비웃으니 세상이 싫어하네.
마음은 어리석어 예절도 지키기 어렵고
지모는 졸렬하여 가난한 삶 사양치 않네.

　이 시의 제목은 '이 사람'으로 호방한 기질로 예속에 구
속되지 않는 임제의 성격을 잘 보여주고 있다.
　그런데 '무어별'이라는 작품에서는 같은 작가가 맞나
라는 생각이 들 정도로 전혀 다른 작품 세계를 보여준다.

열다섯 살 월계의 예쁜 아가씨
부끄러워 말 못 하고 헤어지고는
돌아와 겹문을 걸어 잠근 채
달빛 비친 배꽃을 향해 눈물짓는다.

　사랑하는 사람과 이별하는 상황에서, 남이 볼까 봐 아
무 말도 못 한 채 헤어지고 돌아선 소녀의 애틋한 마음을
감각적이고 섬세하게 표현한 시다.

그의 시 세계는 자유가 충만한 가능성의 공간이었다. 16세기 조선의 정치현실, 그 속에서 고통받는 백성들의 삶, 그와 사랑을 나누었던 여인들, 그가 공부했던 학문이나 사상 등 그를 둘러싼 모든 상황이 그의 시 세계의 대상이 되었다. 그중에서 자신의 정서를 가장 효과적으로 드러내기 위해 시의 내용, 형식, 표현요소를 자유분방하면서도 능수능란하게 활용하고 조합해 시를 지었다.

임제는 나주 태생으로 호는 백호白湖이다. 어려서는 외가에서 김흠에게 10년간 수학했으며, 22세에 속리산으로 들어가 대곡 성운 선생을 만나 문하생이 되었다. 성운은 임제가 지은 시 한 수를 보고 제자로 받아들였다고 한다. 성운은 서경덕, 조식, 이지함 등 많은 후학들을 가르친 큰 선비로, 격정적이고 자유분방한 임제의 성격을 바꾸기 위해 '중용'을 1000번 읽으라 하였고, 임제는 지리산의 암자에서 중용을 800번이나 읽었다고 한다.

비문 '조상의 얼을 되새기고자'

1576년 임제는 생원시와 진사시 모두 합격했으며, 이 듬해 알성시 문과에 급제한 뒤 흥양현감, 평안도도사, 예 조정랑, 홍문관지제교 등의 벼슬을 지냈다. 당시 조정은 동인과 서인의 당쟁이 격화되고 있었으며, 사회적 모순 과 갈등이 극에 달했다. 호방하고 거침없는 성격의 그는 관료들이 파당을 짓고 당리당략을 위해 서로를 질시하고 다투는 모습에 깊은 환멸을 느꼈다.

그래서 그는 유람을 시작했으며 그로 인해 다양한 일 화를 남기기도 한다. 황진이의 무덤을 찾아가 술을 따르 고 시조를 읊었던 일과 평양기생 한우와 시조를 주고받 은 일, 평양기생 일지매와 일화, 충청도 감사의 아들에게 말의 오줌을 신선이 마신 불로주라고 속여 마시게 한 일 등이다.

이 중 1583년, 35세의 임제가 평안도 도사로 임명되 어, 그곳에 가는 길에 황진이의 무덤에 한 잔의 술과 한 편의 시조를 남기고 간 일화는 너무도 유명하다. 그녀의 시를 사랑했을 그가 그곳을 그냥 지나칠 수 없었을 것이 다. 신분에 대한 차별 없이 재능을 칭송한 그의 사상을 엿 볼 수 있는 대목이기도 하다. 하지만 이 일이 조정에서 문 제시되어 그는 벼슬을 그만두게 된다.

1587년 임제는 고향인 나주 회진리에서 죽음을 맞이 하게 된다.

백호 임제. 그는 풍류남아였고, 위대한 문학가였으며, 시대의 모순에 고민하고 외쳤던 비판적 지식인이었다.

영모정 옆 비문에 적힌 후손들의 마음이 마치 오늘 내
마음 같다.

"조상의 얼을 되새기고자."

'백성이 나라의 근본' 민본사상을 만나다

정도전 유배지

나주에는 시대의 혁명가이자 새 왕조의 설계자였던 삼봉 정도전이 3년(1375~1377)간 머무르면서 '민본사상'을 정립한 유배지가 있다.

6월 중순 초록이 짙어가던 날, 삼봉 정도전이 머물렀던 초가를 찾아갔다. 정도전의 유배지는 나주 시내에서 그리 멀지 않은 곳에 있다. 나주시청을 지나 무안 가는 길로 10여 분 달리자 오른쪽에 '삼봉 정도전 선생 유배지'라는 간판이 보였다.

곧이어 백동마을로 접어들었다. 솜사탕 같은 하얀 뭉게구름에 마음이 한결 부드러워진다. 양파 수확철인지 밭 중간중간에 양파 꾸러미가 펼쳐져 있다. 마을 초입에 정자가 보였는데, 마을 어르신들이 선풍기 바람을 쐬며 담소를 나누고 있었다.

"날씨가 더운지 띄엄띄엄 앉아 계시네."

엄마는 정자 안 풍경을 바라보며 말했다.

도시에서는 상상도 할 수 없는 멋진 노송들이 가로수처럼 줄지어 서 있다. 왼쪽 농로를 따라 끝까지 들어갔다.

"운전 못하는 사람들은 못 오겠네."

엄마는 비좁은 농로가 내심 신경 쓰이는 모양이다.

"엄마, 나 운전 경력 20년 넘은 베테랑이야. 걱정 마셔."

나는 여유롭게 미소 지으며 엄마를 안심시켰다. 오른쪽 산비탈을 따라 운전하다가 주차 공간에 차를 주차하고 바로 옆 농로를 걸었다.

드디어 도착. 단출한 초가집 하나만 있다. 대나무로 엮

개망초꽃 가득한
단출한 초가집 하나

은 대문이 반쯤 열려 있어서 엄마가 먼저 들어가고, 나도 그 뒤를 따랐다. 계란 프라이처럼 생긴 개망초꽃들이 마당 한가득 다정하게 피어있다. 엄마는 초가를 한 바퀴 둘러보곤 "방 한 칸 마루 한 칸이네."라고 말했다.

방 입구의 섬돌에는 하얀 고무신 한 켤레가 가지런히 놓여 있고 방 문은 열쇠로 잠겨 있다. 엄마는 문에 뚫린 구멍으로 방 안을 들여다보았다. 이럴 때 보면, 꼭 호기심 많은 소녀 같다. "안에 뭐가 보여?"라고 물으며, 나도 엄마처럼 방 안을 들여다보았다. 눈부신 외부와 달리 방 내부는 어두워서 잘 보이진 않았다.

원래 정도전이 유배 생활을 한 초가집은 오랫동안 역사 속에 자취를 감추었는데, 나주시가 1988년에 소재동이 운봉리 백룡산 기슭에 있었음을 확인하고 2010년 이

백동마을 전경

곳에 한 칸 규모의 초가집을 짓고 안내판을 조성했다. 마루 위에는 삼봉의 시 '중추가中秋歌'가 걸려 있다.

초가집을 본 후 주변을 살펴보니, '소재동비'와 '삼봉 정도전 선생 유적비'도 함께 서 있다. 엄마는 한동안 비석을 바라보더니 "이렇게 멀리까지 유배를 오고, 지금도 유배지를 복원해서 관리하고 있다는 건 정말 대단한 사람이라는 거겠지? 호랑이는 죽어서 가죽을 남기고 사람은 죽어서 이름을 남긴다더니 정도전은 이름을 남겼네."라고 말했다.

1374년 친명반원 정책을 펼쳤던 공민왕이 시해된다.

1년 후 원나라 사신이 고려에 오게 되는데, 이인임 등 권신은 원의 사신을 맞아들이려 했지만, 정도전·권근 등의 신진사대부 세력들이 격렬히 반대했다. 신진사대부들은 성리학을 공부했고 친명반원 성향을 가지고 있었으며, 당시 정세가 원나라는 쇠퇴하고 명나라는 흥하고 있다고 판단했기 때문이다. 하지만 이인임 등의 권신들은 이들의 주장을 묵살하고, 정도전은 원나라 사신을 영접하는 일을 거부했다는 이유로 나주로 유배를 당하게 된다.

유배지 나주에서 정도전은 유배 생활 초기 소재동 농부 황연의 집 한 칸에 세 들어 살았다가, 이후 뒤쪽 백룡산 아래에 자그마한 초가를 지어 유배 생활을 했다.

마을 사람 대부분은 농사를 짓고, 토산물을 채취하면서 어렵게 살아가고 있음에도 유배 온 정도전에게 아낌없는 호의를 베풀었다. 직접 빚은 술을 가져와 같이 마시고, 철 따라 나오는 토산물을 주며, 초가집을 지을 때 일

손을 보태주기도 했다. 이런 농민들의 정과 인심에 감동받아 '삼봉집'에 소재동 이야기인 '소재동기'를 남겼다. '답전부答田父'라는 글에서는 농부와의 대화를 통해 죄를 짓게 되는 여러 경우를 듣고 많은 깨달음을 얻어, 농부에게 무한한 존경심을 보이고 '숨은 군자'라 부르며 가르침을 달라고 요청하기까지 했다.

이곳에서 지내는 동안 정도전은 주위에 있는 백성의 궁핍한 삶과 고통을 눈으로 직접 확인하게 된다. 이렇게 나주에서 백성과 함께 생활했던 경험은 이후 '백성이 나라의 근본'이라는 민본에 바탕을 둔 통치 철학을 가다듬게 되는 계기가 되었다.

9년의 긴 유배와 유랑을 마친 1383년 가을, 정도전은 당시 동북면도지휘사 이성계를 찾아 함주로 간다. 거기서 질서정연한 군영을 마주하며 "이런 군대라면 무슨 일인들 못 하겠습니까?"라고 말하는 장면이 태조실록에 나온다. '혁명'이라는 말을 꺼내지는 않았지만, 이 장면이 태조실록에 기록까지 된 것과 이후 둘의 관계를 보면, 훗날 이루어지는 '역성혁명' 주역들의 교감이 이루어지는 순간이었다. 나주에 있는 정도전의 유배지가 혁명의 씨앗을 뿌리게 한 장소라면, 두 사람이 처음 만난 함흥은 혁명의 싹을 틔운 곳이었다.

　1392년 조선왕조가 세워진 후 정도전은 눈부시게 활약했다. '불씨잡변', '조선경국전', '경제문감'을 저술하여 국가이념과 통치체제를 정립했다. 이념적으로는 유교(성리학)사상, 통치체제로는 중앙집권제, 통치 철학으로는 왕도정치와 민본주의를 바탕으로 삼았다. 이외에도 왕조의 초석을 다지는 다양한 활동을 하지만, 1398년 1차 왕자의 난에 이방원의 기습에 목숨을 잃고 만다.

　삼봉三峰 정도전鄭道傳은 고려의 입장에서 보면 '역적'이

저 멀리 두루미
2마리가 여행하고
있다. 엄마와 나처럼

고, 조선의 입장에서 보면 '왕조를 설계하고 초석을 다진 일등공신'이다. 이렇듯 그는 바라보는 관점과 각도에 따라 비판 혹은 찬사를 받고 있다.

'역사에 만약은 없다.'라고 하지만, '조선왕조의 설계자' 정도전이 없었다면 이성계는 역성혁명에 성공할 수 없었을지도 모른다. 그만큼 조선건국에 있어서 정도전의 역할은 절대적이었다.

차를 타고 농로를 가로지르는데, 두루미 2마리가 사이 좋게 거닐고 있다.

"엄마, 저 두루미들 꼭 엄마랑 나 같다. 그치!"

엄마는 대답 대신 흐뭇한 웃음으로 화답했다.

이순신과 거북선의 신화, 기적을 잉태하다

나대용 장군 생가와 소충사

나대용 장군 벽화

'나주 문평, 몇 번은 지나친 곳인데.'

'이곳이 임진왜란 때 거북선의 고향이라고?'

나대용 장군의 이야기는 익히 들어 알고 있었지만, 이곳에 와본 것은 처음이다. 엄마도 생전 처음이란다. 나대용 장군은 조선 중기의 무신으로, 1556년 나주 문평에서 태어났다. 그가 시험용 거북선을 저수지에 띄워놓고 다양한 측면에서 궁리를 거듭했던 곳이 바로 이곳 문평이다.

이곳에는 거북선을 제작해 이순신 장군과 함께 큰 공을 세운 나대용 장군의 생가가 있다. 그곳을 가기 위해 오륜노인정 옆 빈터에 주차를 했다. 주위를 둘러보니 마을 벽면 곳곳에 애니메이션 영화의 한 장면처럼, 나대용 장군의 일대기를 담은 벽화가 그려져 있다. 나주시 주민과

주민자치위원회, 이장협의회, 지역사회보장협의체, 적십자회 등 지역사회단체 50여 명이 벽화 작업에 참여했다고 한다. 마을을 가꾸고, 공동체 의식을 지켜나가려는 사람들의 노력이 아름답게 느껴졌다.

대문 왼쪽에 하늘 높이 시원하게 뻗은 키다리 은행나무가 서 있다. 흙과 돌로 만든 담벼락과 색 바랜 짚으로 덮인 아담한 대문 지붕이 절묘하게 어우러지는 느낌이다.

대문 안으로 들어가니 가운데 길 양옆으로 나무들이 옹긋옹긋하게 줄지어 서 있다. 그 사이로 집 일부가 살며시 보인다. 6월 중순에 방문한 탓인지, 푸르른 초록 나무들이 햇빛을 품고 반짝반짝 생기를 내뿜는 느낌이다. 기분 탓일까. 공기마저 맑고 청아하다.

가까이 다가가 살펴보니, 흔히 볼 수 있는 초가집으로 정면 4칸, 측면 1칸의 남향집이다. 꽤 깔끔하게 정돈되어 있었다. '호남동순록'에 '나대용이 거처하는 방의 벽은 거북선의 설계도로 덮였고, 낮에는 산에서 벌목하여 배를 만들었다.'라는 기록이 있는데, 지금은 벽면 어디에도 그 흔적을 찾을 수 없다.

나는 마루에 앉아 마당을 풍성하게 채운 아름드리나무를 눈에 담았다. 나무 사이로 보이는 담장 너머의 마을 풍

키다리 은행나무와 아담한 대문이 절묘하게 어우러진 느낌이다.

6월의 푸르른 나무들이 작은 터널을 만들고 있다.

경이 아득하고 평화롭다. 엄마는 어느새 내 옆으로 다가
와 앉았다.

6월 중순 봄의 향기를 채 누리기도 전에, 때 이른 초여
름이 찾아온 것 같다. 따스한 햇살도 연한 봄바람도 어느
새 흔적없이 지나가고 말았다. 고요함 속에 앉아 있는 이
순간, 그토록 생기 넘치던 지난 봄을 떠올려 본다.

"어제는 날씨가 엄청 덥더니, 오늘은 다니기가 괜찮
네." 엄마는 손수건으로 이마와 목덜미의 땀을 닦으며 말
했다.

"그러게. 엄마랑 편안하게 잘 다니라고 하늘이 도운 것
같아. 다행이야. 안 그럼 엄마 힘들었을 텐데..."

"이곳은 터가 남다른 곳 같아. 나대용처럼 큰 인물이
나는 걸 보면."

"안 그래도 나대용 장군이 태어날 때, 봉황새가 크게
울면서 바윗덩이만한 큰 알을 떨어뜨리자 어머니가 받아

소충사 입구

먹은 태몽을 꿨대." 갑자기 나대용 장군 태몽이 떠올라 엄마에게 알려줬다.

생가를 나와 차를 타려는데 노인정 앞 할머니 세 분의 시선이 우리를 따라다녔다. 마침 잘됐다 싶어, 다음 목적지인 나대용 장군의 사당 소충사까지 가는 길을 물었다.

"어르신, 안녕하세요. 소충사가 어디예요?"

"이 길 따라 쭉 내려가다 왼쪽으로 올라가. 끝까지 내려가지 말고 중간에 올라가야 돼."

할머니의 말대로 비스듬한 내리막길을 따라 내려갔다. 머지않아 왼쪽에 오르막길이 나왔다. 그 길을 따라 들어서자 곧 '소충사'가 보였다.

소충사로 올라가는 기나긴 계단. 마치 이 길이 하늘까지 다다르는 계단 같다는 생각이 들었다. 소충사昭忠祠에는 나대용의 영정과 위패가 모셔져 있는데, 안타깝게도 우리가 방문한 날에는 자물쇠로 굳게 잠겨 있었다.

아쉬운 마음에 뒤를 돌아보니, 모를 심은 연둣빛 바다
가 눈앞에 펼쳐져 있다. 사당 입구 너머로 이순신 장군의
실루엣이 보인다. 소충사 앞에는 이순신 장군 동상과 거
북선 모형이 세워져 있다.

나대용 장군은 거북선을 조선 수군에 전력화시키기 위
해, 오랜 시간 각고의 노력을 기울여 거북선 연구에 힘썼
다. 마을 앞 저수지(방죽골)에 시험용 거북선을 띄워 놓고
만족할 만한 성과가 나올 때까지 끊임없이 '설계, 제작,
실험, 평가'의 과정을 반복했을 것이다.

그런 과정을 통해 성과가 나올 때 즈음이, 임진왜란 1

년 전인 1591년이다. 나대용 장군은 전라좌수영에 있는 이순신 장군을 찾아가 그동안 연구한 거북선 설계도를 보이며 제작에 들어갈 것을 건의했다. 이순신 장군은 크게 기뻐하며, 그에게 거북선을 제작하는 임무를 맡겼다.

이순신 장군은 당포해전 보고서인 '당포파왜병장'에서 거북선의 구조와 장점을 이렇게 설명했다.

> 앞에는 용의 머리를 설치해 대포를 쏘고 등에는 뾰족한 쇠를 꽂았으며, 안에서는 밖을 능히 내다 볼 수 있어도 밖에서는 안을 볼 수 없습니다. 비록 적선이 수백 척이라도 돌입해 포를 쏠 수 있습니다.

두 사람의 운명적인 만남의 결과였을까? 임진왜란이 일어나기 하루 전인 4월 12일, 거북선의 화포 실험을 마쳤고, 거북선이 완성되었다. 거북선이 완성되기까지는 이순신 장군의 뛰어난 식견과 인재를 알아보는 안목, 나대용 장군의 걸출한 과학기술 능력이 있었기에 가능했을 것이다. 둘 중 한 사람이라도 없었다면, 임진왜란 때 거북선은 없었을지도 모르겠다.

나대용 장군은 거북선을 제작하는 역할에만 그치지 않고, 이순신 장군과 함께 직접 여러 해전에 참전해 큰 공을 세웠다. 임진왜란 때 조선 수군이 일본 수군을 상대로 이긴 첫 번째 싸움이었던 1592년 옥포해전 그리고 사천해전, 한산대첩, 명량해전, 노량해전 등에서 활약한 덕분에

소충사

조선 수군이 승리하는데 크게 기여했다. 이 전투 과정에서 일본군의 총탄에 부상을 당한 적도 있으나, 이에 꺾이지 않고 용감히 싸웠다. 전쟁이 끝난 후에는 거북선과 판옥선의 단점을 개량한 창선과 쾌속선인 해추선을 고안하고 제작해서 조선 수군의 전력 강화를 꾀하였다.

이러한 공로를 인정받아 그는 강진현감, 금구현감, 능성현감, 고성현감, 남해현령 등을 지내게 되는데, 전란 수습과 민생안정을 위해 힘썼다. 또 1611년에는 경기 수군을 담당하는 교동수사에 제수되었으나 전쟁 때 입은 상처가 재발하여 부임하지 못하고, 이듬해 57세의 나이로 세상을 떠났다.

사실 나대용 장군의 인지도는 일반인들에게 그다지 높지 않다. 하지만 그는 임진왜란 초기 역사서에 빠짐없이 등장할 정도로, 뛰어난 업적을 남긴 인물이다. 안타깝게도 이순신 장군의 그늘에 가려 세상에 널리 알려지지 않았을 뿐이다.

이순신과 거북선의 신화, 그 안에서 놓치고 있었지만 우리 모두가 기억해야 할 장면은 어떤 장면일까? 행주대첩을 승리를 이끌었던 권율 장군이 나대용 장군과 이순신 장군의 관계에 대해 했던 말로 내 생각을 대신하고자 한다.

체암공이 없었으면 충무공이 그 같은 큰 공을 세울 수 없었으며, 체암공은 충무공이 없었으면 그 포부를 실현하지 못했을 것이다.

우리는 이곳을 떠나기 전에 나대용 장군과 거북선을 보며 잠시 담소를 나눴다.
"엄마, 위대한 사람 곁에는 항상 위대한 조력자가 있었대."

소충사에 바라본
마을 전경

"이순신 장군을 보필하는 최고의 조력자가 나대용 장군이었던 거지?"

나대용 장군과
거북선

"맞아. 이런 사람이 진짜 주인공들이야. 우리는 이분들을 기억해야 해."

엄마와 나는 서로의 마음을 들여다보고 있는 것처럼 기분 좋은 호흡으로 대화를 이어갔다.

"엄마. 내 최고의 조력자는 엄마인 거 알지? 나도 이제부터 엄마에게 최고의 조력자가 되려고 노력할게. 기대해 줘."

다소 쑥스러웠지만 불쑥 말을 내뱉었다. 그래야 정말 그런 딸이 되려고 더 노력할 것 같아서.

나주 정신을 만나다

나주 정렬사

김천일 장군의 동상

10월 말 가을의 정점에 우리는 나주 정렬사를 방문했다. 정렬사는 나의 초등학교, 중학교 시절 소풍 장소로 가장 많이 왔던 곳이다. 솔직히 어릴 땐 이곳이 어떤 곳인지 의미도 모른 채, 맛있는 김밥 먹으며 잔디밭에서 마냥 신나게 뛰어놀았던 기억뿐이다.

오늘은 친구들 대신 엄마와 단둘이 소풍을 왔다. 길고 곧게 뻗어 있는 계단을 오르자, 양쪽에 다정하게 서 있는 몇 그루의 단풍나무가 한가을임을 실감하게 한다. 정렬사 뒤편으로 부드럽게 흐르는 금성산 능선과 청명한 가을 하늘 덕분에 정렬사의 역사적 위용이 고스란히 전해진다.

정렬사는 임진왜란 때 호남 최초로 의병을 일으킨 김천일 선생을 비롯한 나주의 충절 인물 다섯 분을 모신 사우다. 최초에는 선조 39년 나주고등학교 뒤편 월정봉 아래에 건립했는데, 이듬해 정렬사로 사액되면서 사우를 옛 나주잠사공장 부근으로 옮겼다. 이후 몇 차례 자리를 옮기고 보수를 거쳐 1984년 지금의 정렬사를 완공했다고 한다.

오늘 여정은 엄마가 앞장섰다. 사실 이곳은 나주 여행 중 엄마가 꼭 가봐야 하는 곳으로 추천했던 장소이다. 엄마는 먼저 오른쪽 김천일 장군 동상 쪽으로 향했다. 입을 굳게 다문 채 먼 곳을 응시하는 얼굴, 왼손엔 칼을 들고 오른손 주먹을 불끈 쥐고 있는 장군의 모습에서 비장함과 결기가 느껴졌다.

가을의 정점에 방문한 정렬사 입구

거북받침돌이 인상
적이었던 정렬사비

동상 바로 옆에 정렬사비가 있어 자연스럽게 그쪽으
로 걸음을 옮겼다. 정렬사비는 거북받침돌 위에 비를 세
우고 네모난 머릿돌을 올린 모습으로 전라남도 기념물로
지정되어 있다. 부리부리한 눈의 거북이는 무엇을 보려
는지 왼쪽으로 고개를 돌리고 있다. 용을 생동감 있게 조
각한 머릿돌이 꽤 선명한 모습으로 시간을 이긴 채 건재
함을 과시하고 있다. 이와는 대조적으로 흐려지거나 마
모된 비문에서 오랜 세월의 흔적이 느껴졌다.

정렬사비는 임진왜란 때 의병장으로 활약한 김천일 선
생의 충절을 기리기 위해 세운 비로 1626년 건립했다. 비
문은 1,700여자의 짧은 내용이지만 임진왜란 초기의 의
병활동과 국내 전투 상황을 정확하게 알려주는 중요한
역사적 자료로서 가치를 지닌다. 이 비는 김천일 선생이
죽은 지 34년 뒤인 인조 4년, 이곳의 유림들이 김천일 선

유물관 내부 모습

김천일 선생의
영정을 모신
정렬사 사당

생을 모시는 사당인 정렬사에 세웠다고 한다.

이어서 유물관으로 이동했다. 이곳은 1992년 건립되
었는데, 김천일 선생의 친필과 문열공 시호교지, 선생의
일산日傘대, 선생의 문집인 건재집 등 김천일 선생의 서사
를 만나볼 수 있는 공간이었다.

김천일 선생은 호남오현으로 꼽힐 정도로 학덕이 뛰어
났으며 선정을 베푼 관리였다. 군기시주부, 용안현감, 강
원도, 경상도 도사, 담양부사 등을 역임하였으며, 지방관
으로 재직하면서 위민정사를 펴서 고을 사람들에게 칭송
을 받았다. 벼슬에서 물러난 후 그는 고향인 나주에서 후
학 양성에 매진하는데, 1592년 임진왜란이 일어났다. 그
는 고경명, 최경회, 박광옥 등에게 의병을 일으킬 것을
촉구하는 글을 보냈고 호남에서 가장 빠르게 의병을 일

으켰다.

이후 의병을 이끌고 수원 독산산성, 강화도, 행주산성 등에서 왜군과 맞서 싸우다가, 1593년 호남을 지키기 위해 진주성 전투에 참여했다. 수천 명의 아군병력과 10만 명에 가까운 적군병력, 이길 가능성이 거의 보이지 않는 상황에서 죽음을 각오하고 들어간 싸움이었다. 이런 압도적 병력 차이에도 불구하고 조선군은 9일 동안 필사적으로 성을 방어하지만, 결국 성이 함락되고 만다. 그 주위의 군사들이 김천일에게 피할 것을 권했지만, "나는 이곳에서 죽을 것이다"라는 말을 남기고 아들 상건과 함께 남강에 몸을 던져 순절하였다.

이처럼 많은 희생을 치르면서 진주성은 함락되었지만, 적군 역시 막대한 병력의 손실로 인해 호남을 공략할 수 없었다. 김천일을 비롯한 수많은 의병, 관군, 백성의 헌신과 희생이 호남을, 더 나아가 우리나라를 지켜낸 것이다.

유물관 벽면에는 역사적 서사를 사실적으로 담아낸 그림들이 게시되어 있어, 이곳을 처음 찾는 여행자들도 쉽게 이해할 수 있겠다는 생각이 들었다.

정렬사의 맨 위쪽에는 김천일 선생의 영정을 봉안한 사당이 자리 잡고 있다. 사당 내부 중앙에는 위패가, 그 뒤쪽에는 김천일 선생의 영정이 모셔져 있다.

"얼마나 대단해. 대단한 사람이네. 잘 생겼구만."

"나주에 이런 분이 계셨다는 게 자랑이지."

"이런 분이 계셔서 오늘날 나주가 있는 거겠지. 이분의 정신이 바로 나주 정신이야."

엄마는 마치 선생님이 견학 온 학생에게 설명해 주듯 목소리에 힘을 주어 이야기했다. 자신의 안위보다 조국의 안녕을 선택한 사람, 우리 민족의 역사가 이어지는 한 김천일이라는 이름은 영원히 잊혀지지 않을 것이다.

김천일 선생의 영정을 뒤로하고 눈앞에 펼쳐진 나주의 모습을 바라보았다. 주위에 높은 건물이 많지 않아서인지 시원스레 펼쳐진 나주평야를 한눈에 볼 수 있었다. 확 트인 나주를 한참 동안 바라보고 있으니, 엄마의 나지막한 소리가 들려왔다.

"나는 후대에 가면 알아볼 사람이 있을라나. 주봉순."

엄마의 천진난만한 말에 유쾌하게 웃으며 대답했다.

"걱정 마. 우리 자손들이 있잖아. 엄마, 우리가 항상 엄마를 기억할 거야."

chapter 4

부활의
서사

오지 않는 기차를 기다리다

나주 남평역

'영화 속 한 장면에서 본 듯한 곳이다.'

익숙하면서도 낯선 곳. 남평역을 마주했을 때 나의 첫 느낌이었다. 곽재구 시인의 '사평역에서' 배경 역으로, 작고 아담한 기차역 입구에 전국에서 제일 아름다운 간이역이라고 적힌 나무 현판이 걸려 있다.

사평역은 간이역을 배경으로 민중의 고달픈 삶과 그에 대한 연민을 서정적으로 묘사한 작품으로 한국 현대시 최고의 수작 중 하나로 꼽힌다. 그런데 남평역이 이 작품의 배경 역이라고?

엄밀히 말하면 곽재구 시인의 사평역은 실존하지 않는다. 사평역은 현실 속의 공간이 아니라 작가가 창조한 공간이다. 그럼에도 불구하고 창작의 배경이 되는 장소가 존재하지 않겠느냐고 사람들은 끊임없이 궁금해했다. 그 추리의 결과물이 남광주역과 나주 남평역이었다. 남광주역은 시인의 고향이라는 점에서, 남평역은 이름이 비슷하고 광주와 지척인 데다 역사가 고즈넉하고 아름다워 시인의 눈길이 머물 만하지 않겠느냐는 점 때문이었다.

곽재구 시인은 산문집 '길귀신의 노래'를 통해 이런 의문에 답해준다. 사평역의 배경은 지금은 사라진 남광주역이고, 톱밥 난로는 작가가 군 생활을 했던 전남 장흥의 한 다방에 있던 것으로 톱밥 난로에 불을 쬐며 차가운 손을 녹이던 어민들의 모습을 보고 모티브를 얻었다. 사평이라는 역명은 완행버스 안에서 만난 눈빛 맑은 아가씨의 고향 마을 이름이 사평이라는 데서 따왔다고 한다.

건축적, 철도사적 가치가 있어 대한민국근대문화유산으로 지정되었다.

남평역은 1950년대에 지어진 역사로, 원형이 잘 보존되어 있어 건축학적, 철도사적 가치가 있어 2006년에 대한민국근대문화유산으로 지정된 곳이기도 하다. 철도 이용객이 줄어 지금은 기차가 다니지 않는 역이지만, 그 덕분에 사시사철 고즈넉한 분위기를 느낄 수 있는 지역 명소가 되었다.

　　봄이면 역 광장에 흐드러지게 핀 벚꽃으로, 가을이면 눈부시게 아름다운 코스모스 꽃길로 유명하다. 특히 역 광장에 있는 아름드리 벚나무는 역 개통 당시 심은 것으로 남평역과 함께 긴 시간을 지켜왔다. 아름다운 공원과 문화 공간으로 피어나고 있는 남평역이 '전국에서 제일 아름다운 간이역'으로 선정된 것은 결코 우연이 아니다.

　　엄마와 난 6월 초 이곳을 방문했다. 코스모스나 벚꽃

푸르름이 인상적인
6월의 남평역

230

대신 그 어느 때보다 푸르른 초록빛 나무들이 인상적이었다. 노란 금계국이 활짝 펴 잔잔한 금빛 물결처럼 일렁이는 모습 또한 아름다웠다. 엄마와 난 역 한쪽에 조성된 레일 위를 걸었다. 엄마는 앞서고, 나는 조용히 뒤를 따르고. 어느 역에서 내릴지는 모르지만, 함께 걸어가고 있는 엄마와 나. 서로 손을 뻗으면 닿을 수 있는 편안한 거리가 참 좋다.

잠시 후 이 곳에 도착한 유치원생 아이들과 엄마로 보이는 여성이 반대쪽에서 우리처럼 기차길 위를 걸었다. 뭐가 재미있는지 연신 깔깔대며 웃는 아이들의 웃음소리가 청량하다. 레일 위를 걷다가 다시 한번 마주쳤고, 나는 아이 엄마에게 말을 건넸다.

"저희 사진 좀 찍어주실래요?"

엄마와 나는 두 손을 잡았다. 따뜻하지만 거친 손. 나무의 나이테처럼 엄마의 손에도 힘겨웠던 세월의 흔적이 새겨진 느낌이다.

'앞으로는 엄마 손을 좀더 잡아야지.'

나는 마음 속으로 다짐했다.

"고맙습니다. 저도 사진 찍어드릴게요."

화답의 의미로 한 제안이었다. 아이 엄마는 아이들을 보며 기분 좋은 목소리로 말했다.

"우리도 기념으로 사진 찍자."

두 아이는 싱글벙글 웃으며 누가 먼저랄 것도 없이 포즈를 잡았다. 서로 모르는 타인이지만, 덕분에 서로의 소

엄마와 나, 마치 소풍가는 아이들처럼

중한 순간을 담을 수 있었다.

역사 뒤쪽 남평역 플랫폼에는 양쪽 화살표와 함께 화순과 효천이 적힌 역명판이 그대로 남아 있다. 금방이라도 반가운 손님을 싣고 기차가 올 것 같은 기분이 들었다.

기차역을 떠나기 전, 역 입구의 벤치에 앉아 잠시 숨을 돌렸다. 문득 몇 년 전 우연히 접했던 독일 공영방송 ZDF가 보도한 뉴스가 떠올라 엄마에게 들려주었다.

어느 화창한 날, 할머니 세 분이 벤치에 앉아 버스를 기다리고 있었다. 벤치 옆에는 버스정류장 표지판과 운행 시간표도 걸려 있다. 여느 버스정류장과 똑같은 풍경이다. 하지만 이 정류장에는 버스가 오지 않는다. 치매 노인 치료를 위한, 이른바 '가짜 정류장'이기 때문이다. 이 버스정류장을 설치한 곳은 독일 서부 노르트라인베스트팔렌 주에 있는 발터 코르데스 요양원이다.

치매 노인들은 과거의 기억 속에 사는 경우가 많다고 한다. 차를 타고 직장에 출퇴근하고 여행을 다니는 일은 이들에겐 너무도 익숙한 일상이었다. 이 때문인지 어르신 중에는 요양원에서 나와 집에 간다며 버스를 타는 경우가 종종 있다고 한다. 그래서 한 치료사가 빠른 치매 진행을 보이는 노인들을 돌보기 위한 목적으로 이 정류장을 세웠다.

너무도 친숙한 일상의 한 부분이었던 버스 정류장은 치매 환자들에게 '휴식처'였던 것이다. 버스를 기다리며 옆 사람과 얘기를 나누는 동안 환자들은 안정을 얻고, 기

분 전환을 하며 일상을 살아갈 힘을 얻지 않았을까.

비단 치매 환자뿐 아니라 평범한 우리 역시도 과거의 기억을 소환하며 그리워하곤 한다. 오지 않는 기차를 기다리는 남평역. 어쩌면 기차에 실려 올 희망을 기다리고 있는 것인지도 모르겠다. 이곳에서 잠시 힘들었던 과거를 위로받고, 그간 잃어버렸던 소중한 것들을 되살려내며 앞으로 나아갈 힘을 얻으면 좋겠다고 생각했다.

나는 곽재구 시인의 '사평역에서' 끝 소절을 읊조리며 그간 우리 삼 남매를 잘 키워주신 엄마를 위로해 주고 싶었다.

'엄마, 힘내. 분명 우리에게도 새날이 기다리고 있을 거야.'

자정 넘으면 낯설음도 뼈아픔도 다 설원인데

단풍잎 같은 몇 잎의 차창을 달고

밤 열차는 또 어디로 흘러가는지

그리웠던 순간들을 호명하며 나는

한 줌의 눈물을 불빛 속에 던져 주었다.

— 곽재구, 「사평역에서」 중

생명의 흔적을 담다

빛가람 호수공원 전망대

빛가람 호수공원 전망대는 빛가람혁신도시 중앙호수공원에 위치하고 있다. 나주혁신도시의 랜드마크로 우뚝 선 이곳은 혁신도시의 전망을 한눈에 볼 수 있는 곳이다. 중앙호수공원과 함께 나주 시민과 여행자 모두에게 쉼과 여유를 주는 공간으로 자리매김하고 있다.

엄마와 난 먼저 표를 끊고 모노레일에 올랐다. 그리 멀지 않은 거리지만 경사가 가파른 편이라, 어린 아이나 거동이 불편하신 어르신이 모노레일을 타면 한결 부담 없이 오를 수 있다. 모노레일 안에서 나주 혁신도시의 풍경을 채 감상하기도 전에 전망대에 도착했다.

전망대 엘리베이터를 타고 5층에서 내렸다. 도시에 들어선 아파트와 상가, 서울에서 이전해 온 공기업 등 혁신도시의 전경이 한눈에 들어왔다. 내부 중간중간에 설치된 공기업들의 전경 사진을 보며 실제 해당 기관을 찾아보는 재미도 쏠쏠했다.

모노레일을 타고
전망대에 올랐다.

대지에 가까이 내려온 황금빛 태양이 아파트를 호수에 잠기게 했다. 그 주변을 산책하는 아이와 가족, 자전거 타는 연인, 삼삼오오 돗자리를 깔고 휴식을 취하는 사람들의 모습에서 평화로움과 여유로움이 묻어났다.

내려올 때는 모노레일 대신 오른쪽에 마련된 산책로를 선택했다. 나무 데크로 된 산책로가 지그재그로 완만하게 조성되어 안전하고 편안하게 내려올 수 있었다. 각기

영산강물줄기

담양 · 광주 · 나주 · 영암 등지를 지나 영산강 하구둑물
통하여 바다로 흘러 든다. 남서류하면서 광주천 · 황룡강

빛가람 호수공원
전망대 내부

다른 높이에서 도시 전경을 보는 것도 색다른 즐거움 중
의 하나였다. 엄마와 난 야외에 마련된 의자에 앉아 잠시
숨을 돌렸다.

이동거리가 그리 길진 않았지만 칠십이 다 된 엄마를
모시고 움직일 때는 중간중간 앉아서 쉬거나 음료나 간
식을 챙겨드리는 등 소소한 배려도 놓치지 않으려 한다.
잠시 쉬고 있는 엄마의 얼굴을 바라보았다. 깊어진 주름
과 서리처럼 내려앉은 흰 머리를 보며 새삼 시간이 많이
흘렀음을 실감했다. 한 살 한 살 나이가 들어가면서 가족
은 더욱 절실해진다.

'엄마, 건강하세요.'

엄마와 나는 마치 약속이라도 한 것처럼 자연스럽게
혁신도시 전시관으로 발걸음을 옮겼다. 영산강 황포돛

배의 웅장한 모습으로 시작되는 '약속된 미래, 빛가람 혁신도시 홍보 영상'을 보며 전시관 내부를 천천히 둘러보았다. 컬처 네트워크, 빛가람 특화 계획, 숫자로 보는 빛가람 등 빛가람 혁신도시의 현재와 미래 모습을 볼 수 있었다. 처음엔 우리 둘밖에 없었는데, 관람 중간중간에 연인이나 가족으로 보이는 사람들이 스쳐 지나갔다.

전시관의 가장 안쪽이 특히 인상적이었는데, 벽면에는 '이곳을 떠나는 사람들의 기억의 흔적 Traces of Memory'이란 문구가 적혀 있었다. 빛가람 고향사진관 아트월13개 마을 이주민의 사연과 이야기를 다양하게 재해석하여 구성하였다.

13개 마을. 상야마을, 중야마을, 하야마을, 춘정마을, 황동마을, 유전마을, 월정마을, 도민동, 신평마을, 신완마을, 당촌마을, 봉정마을, 신흥마을의 삶의 역사와 흔적이 고스란히 담겨 있었다.

잠시 쉬고 있는
엄마를 바라보며

빛가람전망대 위에서 바라본 나주 혁신도시

빛가람전망대 위에서 바라본 나주 혁신도시

빛가람 혁신도시
전시관

　이어서 우리는 작은 유리 부스로 된 '기억의 아카이브' 안에서 13개 마을에 살던 이주민들의 이야기를 담은 영상을 관람했다. 대형 TV 스크린 옆 벽면에는 이런 문구가 적혀 있었다.

> 　혁신도시 개발을 위해 삶의 터전을 떠나 새로운 곳으로 이주한 이곳 주민들은 이제 기억 속에만 남게 되었습니다. 비록 삶의 터전은 사라졌어도 생명의 흔적은 때론 영원히 기억되기도 합니다. 언제든지 지난 시절을 회상할 수 있는 이 영상을 13개 마을 이주민 여러분께 바칩니다.

　자막이 사라지고 영상이 끝난 후에도 엄마와 나는 잠시 자리에 앉아 있었다.
　"이곳에 살던 사람들은 지금 어디에 살까?"

'이 곳을 떠나는 사람들의 기억의 흔적'
13개 마을에 살던 이주민들의 이야기,
기억의 아카이브

나는 엄마를 바라보며 말했다.

"글쎄, 우리 주변에 살고 있지 않을까?"

엄마는 너무도 당연하다는 듯이 대답했다. 또 다른 곳에서 삶의 흔적을 새기고 있을 것이다. 오랜 생명의 흔적을 담고 있는 빛가람 혁신도시는 나주의 과거와 현재를 모두 끌어안으며 지금 이 순간에도 숨 쉬고 있다.

백 년이 넘는 역사를 가진 곳

나주교회

'부모가 우리의 어린 시절을 꾸며주셨으니 우리는 그들의 말년을 아름답게 꾸며드려야 한다.'

생떽쥐베리의 명언이다.

설을 앞두고, 엄마가 권사로 임직 중인 나주교회의 담임목사님 내외분과 부목사님께 인사드리고 담소 나누는 시간을 가졌다. 나는 늘 인생에서 중요한 시기마다 목사님을 뵈었던 것 같다. 10년 전쯤 돌 지난 아들을 품에 안고 엄마와 함께 원로목사이신 정남교 목사님을 찾아뵀는데, 시간이 흘러 현재는 나종일 담임목사님께서 나주교회를 이끌고 계신다.

엄마가 중년 시절 광주전남 여전도회 체육대회 때 웨딩드레스를 입고 응원을 펼친 일화부터 아빠의 죽음, 엄마의 교통사고 등 가족 이야기까지 속깊은 이야기를 나누며 추억을 소환했다. 마음을 다 헤아리시는 듯한 나 목사님의 따뜻한 말씀이 위로로 다가온다.

어린 시절 우리 집은 월세를 살았는데, 안집에 살았던 아주머니께서 엄마를 위해 10년을 기도했단다. 함께 교회를 나가보자는 아주머니의 제안에 처음엔 대충 웃음으로 넘어갔는데, 긴 시간 동안 아주머니의 한결같은 마음과 정성에 감동받아 교회를 다니기 시작했다고 한다.

어렴풋한 기억이지만, 나도 그 시절 일요일이면 어김없이 엄마 자전거 뒷자리에 앉아, 교회 가는 길을 동행했다. 엄마 말로는 내가 유치부 시절부터 교회에 나갔다고 한다. 지금도 크리스마스가 되면 그때 받았던 맛있는 빵

100년이 넘는
역사를 가진 곳,
나주교회

과 특별한 선물이 생각나곤 한다.

엄마와 내가 교회에 갈 때 아빠는 집에 계셨다. 아빠는 직접 교회에 가지 말라고 하진 않았지만, 술 한 잔씩 하실 때면 싫은 내색을 하곤 했다.

"교회에 왜 나가냐!"

그 당시에는 구역별로 신방을 했는데, 우리 집에 신방을 올 때면 처음에는 오지 말라고 하거나 아예 참석조차 안 하셨다. 그럼에도 한결같이 신앙 생활을 이어가던 정성이 와닿았는지 10년째 되던 해부터 구역 예배를 함께 참석하셨다고 한다. 지금도 가족 앨범 한 켠에는 교회 식구들과 함께 구역 예배를 보고 있는 아빠의 사진이 있다.

40대 중반에 혼자 되셔서 자식 셋 키우시느라 고단했을 우리 엄마. 그 힘든 여정에 든든한 버팀목이 되어주었

던 신앙의 힘. 어찌 말로 다 표현할 수 있을
지... 목이 메고 가슴이 뭉클해진다. 그리고
지금 우리 가족에게 주어진 일상의 안녕함에
그저 감사한 마음뿐이다.

　'천년 목사고을' 나주에서 나주교회는 100
년이 넘는 역사를 가진 곳이다. 지난 1896년
유진벨 선교사와 오웬 선교사가 나주에서 펼
친 선교활동을 시작으로, 1908년 나주에 서
문정교회가 세워졌다. 1945년 8월 15일에 성
북동 60-2번지로 교회를 옮기고 나주읍교회
라 개칭하였다.

　1950년대에는 6.25 전쟁으로 북한군이 남
침하여 많은 시민이 피난길을 떠났는데, 이
때 나주교회가 피난민들의 거처로 사용되었다고 한다.
다행히 나주에 있던 교회들은 하나님의 보호 덕분인지
한 곳도 불에 타지 않고 보전되어 오늘날까지 굳건하게
자리하고 있다.

　나주교회의 역사는 '조선 장로교 사기'에서 근거를 찾
아볼 수 있는데, 1908년도에 세워진 교회들 속에 나주교
회의 이름을 확인할 수 있다. 다만, 설립 일자에 대한 정
확한 기록을 찾을 수 없어서 교회사가들의 자문과 다른
교회의 사례를 토대로 교회 자체적으로 정했다고 한다.
나주배와 쌀을 수확하는 10월, 그 가운데 가장 기억하기
쉬운 날인 10일로 정하고, 이후 시무장로님과 은퇴 장로

교회 위 하늘에 무지개가 드리워져 있다.

님들의 연석회의를 통해 10월 10일로 정했다고 한다. 사실 나도 어린 시절 나주교회를 다녔지만, 이 내용은 이번에 처음 알게 된 사실이다.

일제의 탄압, 전쟁, 교회 분열 등의 아픔 속에서도 굳건히 자리매김한 나주교회는 지난 2008년 교회 설립 100주년이 되었고, 이후에도 새로운 100년을 위한 발걸음을 이어 나가고 있다.

혼돈과 혼란, 가난과 핍박의 시기에 지역민에게 희망과 용기를 심어주고, 지역사회의 버팀목 역할을 해 왔던 나주교회. 지금까지 그래 왔듯이 앞으로 나주 지역민과 함께 만들어 갈 아름다운 여정에 아낌없는 응원을 보낸다.

망각의 시간과 싸우다

일본인 지주가옥

초록색 잔디가 깔린 깔끔한 마당, 청기와에 2층형 구
조와 다다미가 깔린 방이 한눈에 봐도 일본풍이다. 정원
은 철쭉, 소나무, 아기단풍 등의 나무들이 멋스럽게 잘
가꾸어져 있어 작지만 아름답다. 흐드러진 능소화도 곁
에서 운치를 더해준다.

그 옆에 자리 잡은 일본인 지주가옥. 일제강점기 나주
지역에서 가장 큰 지주였던 쿠로즈미 이타로가 살던 집
으로, 영화 '장군의 아들'을 촬영했던 영산포 중심가 근
처에 있다.

1905년 영산포에 도착한 쿠로즈미는 불과 4년 만에 영
산포에서 제일가는 지주가 되었다. 또 조선가마니주식
회사 사장, 다시수리조합장, 전남중앙영농자조합장 등
사업가로도 활동했다.

저택은 1935년경 청기와와 목재 등 모든 건축 자재를
일본에서 가져와 지었다고 한다. 해방 후 일본인이 한반
도에서 철수하면서 정부에 귀속되었다가 선교사가 고아
원으로 운영했고, 1981년 개인이 매입해 주택으로 사용
했다.

2009년에는 나주시가 근대건축물 역사 보존 차원에
서 이 가옥을 사들여, 2013년 복원을 끝내고 찻집과 문화
공간으로 활용하고 있다. 지금은 영산포를 찾아온 여행
자에게 생생한 역사교육의 현장이자 주민을 위한 쉼터
역할을 하고 있다.

엄마는 일본인 지주가옥을 처음 와봤다고 했다. 영산

초록 잔디 위
일본인 지주가옥

포를 그간 수없이 다녔지만 이런 곳이 있는지는 전혀 몰랐단다. 하긴 나 역시도 이번 여행하면서 처음 와봤으니 낯선 풍경이 더욱 새롭게 느껴진다.

　"어쩌면 한국 사람들의 정신력이 강하기 때문에, 이렇게 보존되어 있는 게 아닐까? 안그러면 무너뜨려 버렸을 텐데... 부수지 않고 소중하게 보존해 두었으니 후손들이 잊지 말아야 할 역사라는 것을 알게 됐잖아."

　엄마는 가옥을 바라보며 힘주어 말했다. 엄마가 혹시나 하는 마음으로 문을 열어보았는데 굳게 잠겨 있다. 때마침 마당을 쓸고 계시던 옆집 할머니께 물었다.

　"여기는 들어갈 수 없나요?"

그분은 잠시 고개를 들어 우리 쪽을 보시더니 무심하게 대답했다.

"공휴일이라 사람이 안 나왔는 갑네."

그리고 다시 마당을 쓸었다.

"엄마, 잠깐 쉬었다 갈래?"

우리는 지주가옥 처마 밑에 자리를 잡고 잠시 쉬었다.

문득 작년쯤 뉴스 영상을 통해 접한 아우슈비츠에 희생된 아이들의 신발 보존 프로젝트가 떠올랐다. 팔뚝을 걷자 문신으로 새겨진 포로 번호가 보이는 아이들의 모습과 주인 잃은 신발 더미. 대부분은 한 짝만 남거나 형체를 알아볼 수 없을 만큼 훼손된 신발이었다.

생생한 역사교육의 현장이자 주민들을 위한 쉼터

폴란드 아우슈비츠 박물관에서는 희생자들의 신발 약 11만 켤레 중 어린 아이들의 신발 8천 개에 대한 보존 작업을 했고, 원래 상태가 아닌 전쟁 직후 상태와 최대한 가깝게 복원하는 작업을 했다. 이는 신발이라는 상징물로 제2차 세계대전 당시 독일 나치가 아우슈비츠 수용소에서 무참히 살해한 아이들의 모습을 보여준 것이라고 할 수 있다.

인류사의 비극을 간직한 채 덩그러니 남은 8천 개의 신발. 진실을 왜곡하는 강한 힘 중의 하나가 망각이라고 하는데, 아우슈비츠 박물관의 이런 노력은 우리에게 수많은 질문을 던지는 것 같다. 진실과 역사가 왜곡되지 않

일본인 지주가옥
정원

도록, 망각의 편인 시간과 끊임없는 싸움을 벌이고 있는
그들의 노력에 경의를 표하고 싶다.

　일본인 지주가옥 또한 망각의 시간과 싸우며 지금 우
리에게 질문을 던진다.

초의선사의 흔적을 찾다

운흥사

운흥사 가는 길

운흥사로 들어가는 길, 운흥사는 덕룡산 한 계곡 건너에 있는 불회사와 접해 있다. 그래서일까. 인근의 불회사처럼 절 입구 양쪽에 익살스러운 표정의 돌장승을 만날 수 있다. 두 돌장승은 사찰에서 500m쯤 떨어진 길 양쪽 가장자리에 마주 보고 서 있는데 왼쪽은 남자, 오른쪽은 여자 모습이다.

운흥사 남장승은 큰 체구에 부리부리한 왕방울 눈, 뭉툭한 코, 삐쳐 나온 치아, 턱밑의 수염이 인상적이다. 언뜻 보면 무섭게 보이지만 찬찬히 들여다보면 옆집 할아버지처럼 친근하고 인자한 모습이다.

여장승은 남장승보다 더 섬세하게 조각한 느낌이다. 눈썹 사이의 엑스(x)자, 미간과 콧등 주름, 둥근 눈망울 주위에 2개의 띠를 둘러 여성미를 강조한 점이 특징이다. 소탈하게 웃는 인심 좋은 이웃집 할머니 같은 모습이다. 장승 뒷면에 강희 58년이라고 새겨진 부분이 있다. 대부분 장승에 제작 연대가 남겨져 있지 않은데 비해, 이 장승은 1719년 장승을 세웠다는 명확한 기록이 남겨져 있어 민속학적 가치가 높다.

운흥사가 들어선 자리는 덕룡산 기슭으로 사방이 산으로 둘러싸여 있다. 그래서인지 아늑하고 평안한 느낌이 든다. 보기만 해도 마음이 상쾌해지는 신록의 풍경을 차분히 걷는다. 풀 냄새와 나무 냄새. 공기마저 풋풋하고 달콤하다. 고요하고 적막한 가운데 새소리와 풀벌레 소리가 더욱 선명하고 입체적으로 들려온다. 여기에 마음

운흥사 입구 마주
하고 있는 돌장승
(왼쪽이 남장승,
오른쪽이 여장승)

까지 시원해지는 바람까지. 힐링 그 자체이다.

　운흥사는 통일신라시대 도선국사道詵國師가 창건한 천
년고찰이다. 도선국사는 도성암道成庵이라는 이름으로 창
건하였는데 이후 웅점사, 웅치사를 거쳐 18세기에 지금
의 이름인 운흥사로 바뀌었다. 운흥사로 이름을 바꾼 이

유는 웅熊자에 불을 뜻하는 점 4개가 있어 화재가 자주 일
어난다고 생각했기 때문이다. 18세기 기록에 의하면 당
시는 380여 칸의 규모를 갖춘 사찰이었으나, 한국전쟁
으로 대부분 소실되었다고 한다.

절 안쪽으로 걷다보면 '영산강 연등문화축제'라고 적
힌 흰색 모형 탑이 한쪽에 서 있다. 얼마 전 부처님 오신
날 행사에 사용한 모양이다. 비교적 넓은 절터로, 대웅전
앞에서 왼쪽으로 비스듬히 올라가다 보면 팔상전과 관음
전이 보인다. 이 두 곳을 둘러본 후 대웅전 오른쪽 계단을
오르니 산신당이 자리 잡고 있다. 산신당 옆 해바라기가
초록 위에 존재감을 뽐내며 여전히 건재함을 알려주는
것 같다.

한국전쟁으로 소실된 후 지은 건물이어서인지 오래된
전통 사찰의 분위기와는 사뭇 다르지만, 주변의 오래된
고목들이 시간의 깊이를 되살려주는 느낌이다. 엄마와
난 대웅전 오른쪽에 있는 문을 열었다. 금동여래입상이
어둠 속에서 금빛 광채를 내며 서 있다. 우리는 잠시 안으
로 들어갔다.

"엄마, 대단하지 않아? 이런 불상은 처음 봐."

"나도."

"이런 불상이 있을 거라고 상상도 못했어."

"오늘은 여러 가지로 행운이네."

운흥사지 금동여래입상은 운흥사지 발굴조사 때 출토
한 불상으로, 통일신라시대 때 만들어진 것으로 추정하

통일신라시대
도선국사가 창건한
천년고찰 운흥사

고 있다. 광배와 몸체와 대좌가 함께 주조되어 있는 것이
특징으로, 전라남도 유형문화재로 지정되어 있다. 현재
대웅전에 있는 불상은 금동여래입상을 본떠 조성한 불상
이라고 한다.

운흥사는 '한국 차의 성인'으로 일컬어지는 초의선사
草衣禪師가 출가했던 곳으로도 유명하다. 초의선사는 15세
(1800년) 때 이곳 운흥사에서 벽봉 민성碧峰 敏性 스님을 은
사로 출가한다.(대흥사 기록에는 6세 때 운흥사에서 출가했다고
나옴) 이후 월출산을 올랐다가 바다 위에 떠오른 달을 보
고 깨달음을 얻었으며, 해남 대흥사의 완호 윤우琓虎 尹佑
스님에게 구족계를 받고, 초의라는 법호를 얻었다.

그는 불교뿐만 아니라 유교, 도교에도 조예가 깊었으
며, 시詩, 서書, 화畵, 차茶, 문장에도 능한 다재다능한 인물이었다.

그가 가깝게 지냈던 사람들을 살펴보면 다산 정약용과 추사 김정희가 눈에 띈다. 각 분야의 경지에 다다른 인물 간의 만남이랄까? 각자의 학문세계와 세계관은 달랐지만, 학문, 문학, 예술, 차 등을 이야기하고 소통하면서, 사상과 나이를 뛰어넘는 깊은 교분을 쌓았을 것이다. 특히 동갑이었던 김정희와는 더욱 각별했는데, 귀양살이하는 김정희를 만나러 제주도까지 다녀올 정도로 두터운 우정을 나누었다고 한다.

1824년 그는 나이 39세에 대흥사 뒤편에 초암, 일지암을 짓고 이후 40여 년간 은거하며, 차와 더불어 수행, 저술, 교육활동 등을 하다가 81세로 일생을 마쳤다.

그는 차와 선禪을 하나로 보는 다선일미 사상을 가지고 있었다. 그래서인지 그의 삶에서 차를 떼어놓을 수 없다. 다도의 이론을 정리하고 초의차를 완성하는 등 차 문화

운흥사 대웅전　를 발전시켰다.

　　말년에 대흥사의 일지암에서 다도삼매에 들었던 초의 선사가 차를 처음 접했던 곳은 아마도 이곳 운흥사가 아닐까 싶다. 차를 따고 만드는 것조차 수행이라고 생각했던 스님들이 있었을 정도로 불교에서 차 문화가 발달했다는 점과 조선시대 여러 기록에서 나주의 대표 토산품 중 하나로 차를 꼽고 있다는 점, 운흥사가 위치한 '다도茶道라는 지역 명칭' 역시 이 부근이 차로 유명했던 곳임을 암시한다는 점, 지금도 운흥사 주변에는 야생차들이 자라고 있는 점 등이 그 추정의 근거이다.

　　"엄마는 어떤 게 가장 기억에 남아?"

　　"대웅전에 모셔둔 황금빛 부처."

　　"왜?"

　　"인자하고 온화한 표정 때문에."

　　엄마는 운흥사지 금동여래입상의 기운이 남다른 것 같

다고 말했다.

"한 가지를 봐도 만 가지를 본 것보다 더 낫네."

"아, 정말? 여기 온 보람이 있네."

엄마와 난 돌계단에 앉아 고요하고 아늑한 풍경을 바라보았다. 그리고 서로 각자의 상념에 빠졌다. 운흥사는 6·25 때 소실된 후 재건한 절이어서, 과거 역사 속의 모습 전부를 구체적으로 확인할 수는 없었다. 물론 초의선사의 흔적도 찾아볼 수 없었다.

하지만 사라진 것들을 재건해 가는 미완의 모습에서 보이지 않는 서사를 상상하고 음미해 보는 기쁨을 누려 본다.

역사를 거닐며 쉼을 누리다

국립나주박물관

입구에서 바라본 국립나주박물관

뜨거운 8월, 방학을 맞은 아이들과 온 가족이 더위를 피해 시원한 곳을 찾아 나섰다. 오늘은 아들과 조카가 특별 손님이다. 국립나주박물관. 반남고분군에 자리 잡은 이곳은 영산강 유역의 다양한 문화재를 체계적으로 전시하고 보존하기 위해 2013년에 건립하였다.

　　박물관 1층에는 상설전시실과 실감콘텐츠 체험관이 마주 보며 위치해 있다. 상설전시실은 구석기시대부터 삼국시대의 마한과 영산강 유역의 고분 문화를 보여준다. 무덤에는 거대한 항아리 2개를 붙여 만든 관인 독널이 묻혀 있는데, 이런 대형 독널은 다른 지역에서는 찾아볼 수 없는 독특한 형태로 영산강 유역에서만 발견된다고 한다. 영산강 유역의 독널무덤은 지역의 독자 문화를 발전시켰다는 것을 보여준다.

　　독널 안에서 발견한 금동관과 금동신발, 봉황무늬 칼자루끝장식 등 화려한 유물이 눈길을 끌었다. 그중 금동관은 일제강점기에 일본인 학자가 나주 신촌리 9호분에서 발굴한 것으로 국보 제295호이며 내관과 외관으로 구성되어 있다. 고깔 모양의 내관에는 두드림 기법으로 연꽃을 표현하였고, 외관에는 3개의 풀꽃모양 장식판을 세웠다. 각각의 장식판에 달개를 달고 가지의 끝에는 유리구슬을 달아 매우 화려하다.

　　"다른 거라면 썩었을 건데 순금이라 그대로 보존됐나봐. 정말 대단하지 않아?"

　　엄마는 탄성을 지르며 말했다.

상설전시실과 실감콘텐츠 체험관 입구

나주의 보물, 금동관과
서성문 안 석등

금동관은 광복 이후 국립광주박물관과 국립중앙박물관에 전시했다가 국립나주박물관 개관 이후 고향인 나주로 오게 되었다고 한다. 나주의 보물인 나주 서성문 안 석등 또한 국립중앙박물관 옥외전시실에 전시했다가 국립나주박물관 안으로 자리를 옮겼다. 참으로 귀중한 문화유산들이 돌고 돌아 고향집으로 돌아온 것이다.

전시실 건너편에 위치한 실감콘텐츠 체험관은 영산강 유역 문화유산을 소재로 한 영상을 볼 수 있는 곳이다. 예약을 하지 않아서 현장 접수를 한 후 5시에 관람했는데, 아이와 함께 온 가족들이 대부분이었다. 대형 파노라마 스크린을 통해 1,500여 년을 간직해온 고분의 비밀, 나주 신촌리 9호분에 관한 애니메이션을 관람했다. 엄마는 맨 앞에 앉아 아이들보다 더 몰입해서 보는 것 같았다. 나주에서 출토한 금동신발을 보며 고대인들의 꿈과 염원을 잠시 상상해 보았다.

지하는 어린이와 부모님을 위한 공간이다. 문화재를 지키는 학예연구사의 다양한 역할을 체험할 수 있는 어린이 박물관과 7세 이하 어린이가 부모와 함께 체험하는 유아 놀이터가 있다. 엄마와 나는 미끄럼틀을 타고 게임을 하는 아이들을 지켜보며 잠시 휴식을 취했다.

지하에는 대한민국 국공립박물관 중에서는 처음으로 도입했다는 '보이는 수장고'가 있는데, 수장고에 대형 관람창을 설치하여 관람객들이 수장고 내부를 직접 볼 수 있는 개방형 수장고로 매우 인상적이었다.

어린이 박물관　　기획전시실과 옥상정원은 준비 중으로 문이 닫혀 있어서 야외로 발걸음을 옮겼다. 오른쪽 산책로를 따라 걷다 보니 아담한 정자가 보인다. 정자에 잠시 앉아 끝없이 펼쳐진 초록빛 평야를 바라보았다. 아들과 조카는 이긴 사람이 병뚜껑을 갖기로 했다며 페트병에 담긴 물 많이 마시기 게임에 열중해 있다. 백일홍이 세 번 피고 지면 곡식이 익는다는 엄마의 말에 고개를 끄덕이며 다시 산책길을 따라 걸었다.

얼마 지나지 않아 두 개의 고분이 보인다. 엄마는 고분을 바라보며 감탄을 했다.

"매번 보지만 볼 때마다 대단해. 다른 데서는 볼 수 없는 것들이제. 나주 시민의 한 사람으로서 긍지와 자부심이 느껴지는 곳이야."

두 개의 고분 왼쪽으로 핑크뮬리 산책로가 이어졌다. 이곳은 가을에 핑크뮬리로 유명한 곳이지만 8월 한여름 엔 초록뮬리의 모습으로 색다른 즐거움을 선사했다.

아이들은 마치 해방되었다는 듯 마음껏 뛰어다녔다. 꼭 강아지마냥. 엄마는 어디론가 부지런히 걷더니 또다시 정자에 가서 앉는다. 나와 아이들도 산책을 마치고 정자에 합류했다. 앉았다가 잠시 눕기도 하며 쉼의 시간을 누렸다. 보기만 해도 파릇파릇한 계절. 초록을 느끼는 마지막 시기여서인지 마음속 깊이 청량감이 전해진다. 가을을 머금은 바람 속에서 유난히 낮게 나는 잠자리의 비행을 보며 바람결을 가늠해 보았다.

국립나주박물관 밖
두 개의 고분이 다정
하게 마주보고 있다.

"참 오랜만에 느껴보는 자연 바람이네."

나는 행복한 얼굴로 엄마에게 말했다.

"그러게. 희한하게 시원한 바람이네."

엄마는 환한 웃음으로 화답했다.

그러고 보니 이곳은 유난히 쉼터가 많다. 벤치와 정자, 해먹 등 곳곳에 쉴 수 있는 공간을 마련해 둔 것이 인상적이다. 쉼을 위한 배려가 돋보이는 곳이랄까. 왕버들과 배롱나무, 느티나무, 배나무, 봉숭아 등의 나무들도 잘 가꾸어져 있다. 넓게 펼쳐진 나주평야와 고분, 역사가 담긴 역사공원인 동시에 시민에게 훌륭한 휴식공원임에 틀림없다.

산책로를 한 바퀴 도니, 박물관 앞 연못 분수가 시원하게 물줄기를 뿜어내고 있었다. 바로 옆에 왕버들 나무가 서 있고, 그 아래 해먹이 발길을 멈추게 한다. 아이들이 서로 먼저 타보겠다고 몸을 싣고 난 후에야 엄마와 내 차례가 돌아왔다. 엄마는 처음엔 눕지 않겠다고 하더니 이

내 몸을 누이고는 편하게 눈을 감는다.

잠시 뇌 스위치를 끄고 마음 스위치를 켜는 시간. 뇌가 쉼 없이 공회전하고 있는 복잡한 일상 가운데, 피곤했던 몸과 마음을 잠시 쉬어간다.

엄마가 나에게 늘 그런 존재였듯이, 나도 엄마에게 휴식 같은 존재이기를 소망하면서…

잠시 뇌 스위치를 끄고 마음 스위치 를 켜는 시간

천연염색의 비상을 꿈꾸다

한국천연염색박물관

나주 시내에서 15분 정도 차를 타고 다시면에 도착했다. 그리 멀지 않은 거리였는데, 한적한 농촌 풍경이 펼쳐진다. 도로 오른쪽에 접어들자마자 알록달록 다채로운 건물이 보였다. 나주시 한국천연염색박물관이다.

　　'그러고 보니 지난여름 황포돛배를 탔을 때 영산포 선착장에서 이곳 천연염색박물관 앞까지 출항한다는 안내 방송을 했었지.'

　　사실 황포돛배를 탈 때마다 먼 곳에서 바라만 봤을 뿐 천연염색박물관 방문은 이번이 처음이었다.

　　한국천연염색박물관은 천연염색의 전통을 계승하고 발전시켜 염색산업의 진흥과 대중화를 통해 보다 나은 문화적 삶을 추구하고자 하는 목적으로 건립된 곳이다. 이곳은 천연염색의 전통 계승과 발전을 위한 전시와 교육 및 체험을 위한 공간을 두루 갖추고 있다. 특히 어린이를 위한 상설 체험장이 가족 단위 방문객이나 여행자에게 큰 호응을 얻고 있다고 한다.

　　기획전시관으로 들어가는 통로 쪽 벽면은 지금껏 이곳을 다녀간 사람들의 모습이 '천연염색 추억쌓기'라는 이름으로 가득 채워져 있다. 개인이나 단체, 가족 단위의 방문객이 각기 다른 추억으로 이 곳을 기억하고 있으리라.

　　엄마와 난 기획전시관에서 전시 중인 사진을 여유롭게 둘러보고 상설전시관으로 이동했다. 상설전시관에는 천연염료의 정의와 종류, 천연염색 원리 및 방법 등이 설명되어 있다. 그리고 실제 천연염료 견본도 보거나 만져볼

그간 이 곳을 다녀간 사람들의 이야기, 천연염색 추억 쌓기

상설전시관 내부

천연염색 유물이 고풍스럽게 전시되어 있다.

수 있게 비치해 두어 여행자의 눈길을 끌기에 충분했다.

"참 색이 곱다."

우리는 통과의례처럼 염료의 재료를 만져보았다.

긴 벽면의 유리 진열장 안에는 단령, 장옷, 원삼 등 과거 천연염색 유물도 고풍스럽게 전시되어 있다. 엄마는 전시된 천연염색 원단을 보며 감탄사를 연발했다.

"아따, 기가 막히다."

"엄청 이쁘지. 색상도 다양하네."

"그러게. 어쩜 저런 색감이 나올 수 있을까?"

안목이나 취향의 문제일 수도 있겠지만, 엄마는 유독 관심을 보이며 감동을 받은 느낌이다. 한국 미의 품격은 시간이 지날수록 깊어진다는 게 그저 놀랍고 신기할 따름이다.

1층 상설전시관 가장 안쪽에는 오래된 베틀이 전시되어 있다. 엄마는 베틀을 한참 동안 바라보더니 천천히 말을 꺼냈다.

"외할머니 생각이 나네. 외할머니가 베틀로 베를 짜서 팔았어. 동네에서 초상이 나면 베를 짜서 공짜로 옷을 만들어 주기도 하고. 외할아버지는 동네에 상여가 나갈 때 종을 치며, '이제 가면 언제 오나' 선창하는 상두꾼을 도맡아 하셨고."

엄마는 커다랗고 까만 가마솥에 된장국을 가득 끓여서 혼자 사시는 동네 어르신들의 끼니를 챙겨드렸던 외할머니의 모습이 가장 선명하게 기억난다고 했다. 그리고 잠시 생각에 빠지더니 확신에 찬 듯이 말을 이어나갔다.

"외할머니, 외할아버지가 공덕을 쌓은 거야. 그래서 자식들이 좋은 거야."

1층 관람을 마친 후 계단을 따라 2층으로 올라갔다. 나주 염직문화와 쪽 문화에 관한 내용이 친절하게 안내되어 있다. 나주 샛골나이 유래와 제작 과정, 나주의 쪽 문화와 쪽 염색 과정 등이 사진과 입체 모형으로 전시되어 있었다. 나주는 예로부터 비단 직조 기술과 쪽 염색이 발달한 곳으로, 오늘날에도 '샛골나이'와 '염색장'이라 불리는 인간문화재가 활동하는 천연염색 문화의 중심지이다. 이런 이유로 이곳에 천연염색박물관이 건립되고, 나주가 천연염색 전통문화 계승, 발전의 성지로 떠오르고 있는 게 아닌가 싶다.

상설전시관 가장 안쪽에 오래된 베틀을 전시하고 있다.

조금 더 안쪽으로 들어가니 고풍스럽게 전시되어 있는 기다란 쪽물 염색 원단이 눈길을 끌었다. 쪽물 염색은 천

연염색 분야 중 가장 고도의 기능을 요구하는 부문으로, 상설전시관 2층
정부에서 2001년 국가중요무형문화재 제115호로 지정하
였다. 역사와 예술 그리고 학술적 관점에서 가치가 큰 문
화적 소산으로서 가치를 인정받은 셈이다.

　이외에도 대한민국천연염색문화상품 대전에서 입상
한 가방과 모자 같은 생활 공예품과 천연염료로 염색한
옷과 침구류처럼 우리에게 친숙한 생활용품이 전시되어
있다.

　2층 관람을 마친 후, 박물관 1층 로비를 지나 자연스럽
게 기념품 판매장으로 들어갔다. 판매장은 스카프, 옷, 가

방, 이불 등 천연염색을 활용한 제품을 판매하고 있다. 내부에는 이미 두 팀의 손님이 매장을 둘러보고 있었다.

엄마도 한 바퀴 둘러보더니 스카프를 전시해 둔 곳 앞에 멈춰 서서 한참을 머물렀다. 엄마는 평소에 스카프를 즐겨 착용하는 편인데, 마음에 드는 스카프를 발견한 눈치다. 정사각형 스카프가 걸린 곳 앞에서 엄마가 물었다.

"이거 이쁘지?"

"응. 예쁘네. 근데 엄마는 긴 스카프가 더 잘 어울리는 것 같아."

나는 마치 엄마 속마음이라도 들어갔단 온 것처럼 대답했다.

"긴 스카프는 더 비쌀 텐데..." 엄마는 말끝을 흐렸다.

"괜찮아. 엄마가 마음에 드는 걸로 골라 봐."

엄마는 잠시 살펴보더니 주황색과 회색을 바림한 긴 스카프를 골라 거울 앞에서 목에 둘렀다.

"이거 어때?"

기념품 판매장은 다양한 천연염색 제품을 판매하고 있다.

"엄마랑 잘 어울리는 것 같아."

"그럼 이걸로 할게. 오늘 돈 많이 썼네."

엄마는 미안한 듯 한 마디 건넨다.

"괜찮아. 이런 날도 있어야지."

천연염색박물관을 뒤로 하고 친정으로 향하는 길. 드넓은 대지 위에 유난히 크고 둥근 태양이 눈앞에 펼쳐졌다. 나는 잠시 길가에 차를 멈추고 엄마에게 말했다.

"엄마, 석양이 너무 멋있다. 잠깐 보고 갈래?"

우리는 태양이 대지 안으로 사라지는 모습을 지켜보았다.

"와, 세상에! 이쁘다. 오늘 재수가 있을란 갑네."

엄마의 목소리가 소녀처럼 경쾌하게 들려온다.

앞으로 다가올 엄마의 인생 여정 또한 이 아름다운 저녁 노을을 닮아가면 좋겠다.

집으로 가는 길,
우연히 만난
석양 노을

다시 부활하다

나주읍성

초등학교 시절, 학교 수업이 끝나면 나는 늘 놀이터에서 친구들과 놀았다. 그네와 시소처럼 놀이기구를 타는 것도 재미있었지만, 놀이터에서 찾은 작고 둥근 돌 5개로 친구들과 편을 짜서 공기놀이 하는 게 가장 즐거웠다. 최근 영화 '오징어 게임'에 나왔던 뽑기 놀이도, 놀이터 구석에서 '띠기'라는 이름으로 인기를 누렸다. 나의 어린 시절 추억을 한 아름 품고 있던 이곳은 지금 놀이터 대신 남문이 우뚝 서 있다.

나주읍성은 나주시 남내, 성북, 금남, 향교동 일대를 둘러쌓은 성이다. 동·서·남·북 4개의 성문을 설치해 성안으로 들어오는 사람들의 출입을 통제하고 외적의 침입에 대비하였다. 고려시대에 토성으로 세워져 조선시대에 석성으로 변하고, 이후 개·보수가 이루어졌다. 나주읍성은 둘레 3.7km로 그 규모가 아주 컸고, 서울 도성과 같이 사대문과 객사, 동헌 등을 갖춘 전라도의 대표 읍성이다.

4개의 성문은 모두 없어지고 북문 터에 기초석만 남아 있다가 이후 복원하였다. 1993년 남쪽 남고문, 2006년 동쪽 동점문, 2011년 서쪽 서성문, 2018년 북쪽 북망문 순으로 복원하였다.

나주읍성의 성문 중에서 남고문이 가장 많이 이용되었다고 한다. 남고문은 남문을 지나면서 임금이 계신 쪽을 돌아본다는 의미이다. 남쪽으로 앉아 백성을 돌본다는 뜻이라는 의견도 있다. 남고문은 나주읍성의 남문으로 나주시 남내동에 복원되어 있다. 1920년경 일제가 약간의 석축만 남기고 완전히 철거했는데, 이후 1993년 남문 터에 옛 모습대로 복원을 했다. 2층으로 된 문루로 정면 3칸, 측면 2칸 규모이다. 옆에서 보면 여덟 팔八자 모양인 팔작지붕이다.

동점문은 나주의 관문이자 나주읍성의 동문이다. 나주읍성 안쪽으로 나주천이 흐르는데, 나주천이 서쪽에서 동쪽으로 흘러 영산강과 만나는 하류 부근에 나주읍성의 동문이 위치하고 있다. 동점문 2층 문루에 올라서면 나주 영산강과 나주대교까지 훤히 보인다.

동점문이라는 현판 이름에 얽힌 이야기도 꽤 흥미로웠다. 동점문은 중국의 경서인 서경에 나오는 동점우해에서 따온 것으로, '동점'은 동쪽으로는 바다에 다다랐다는 뜻이다. 나주천이 영산강을 만나 바다에 이르듯 나주 사람들도 큰 뜻을 품으라는 의미가 아닐까 싶다. 우왕 원

맑은 하늘 아래
남고문의 모습

나주의 관문이자
나주읍성의 동문
동점문

년(1375년) 정도전은 '북원의 사신을 영접하라.'는 명령에
"사신을 접대하느니 차라리 그놈의 목을 베어버리겠다."
라고 단호히 거절해 전남 나주 회진현에 유배되었다. 정
도전은 유배지에 들어가기 전 나주에 들러 원로들을 격
려하고 나주의 행정을 칭찬하며 왜적을 경계하라는 글
을 남겼다. 이 글이 동점문 문루에 걸려있는 '등나주동루
유부로서 登羅州東樓論父老書'이다. 정도전이 나주라는 땅에서

싹 틔운 백성을 사랑하는 마음과 민본 정치를 실현하기 위한 정신이 나주의 귀중한 유산으로 계승되어 오고 있어 자부심이 느껴졌다.

나주읍성의 서쪽에 있는 서성문은 1815년에 발간된 '나주목여지승람'서문에 "영금문으로 기록된 편액이 있었다."라는 기록에 따라 '영금문' 현판을 제작하여 걸었다고 한다. '영금문은 두루 나주를 비춘다.' 혹은 '비단같이 비치는 문'이라는 아름다운 의미와는 달리, 슬픈 역사를 간직하고 있는 성문이다. 나주읍성 수성군과 동학군의 전투, 즉 우리 민족끼리의 전투가 벌어진 곳이다. 1894년 나주를 점령하기 위해 동학군이 서성문으로 공격했으나 성은 함락되지 않았고, 이에 녹두장군 전봉준은 나주목사 민종렬과 협의를 위해 나주읍성으로 들어가는데, 그때 그 문이 바로 서성문이다.

일제강점기를 거치며 크게 훼손된 나주읍성의 사대문 중 가장 마지막으로 복원된 문이 북망문이다. 북망문은 임금이 계신 북쪽을 바라본다는 의미를 담고 있다. 전통 성문 문루와 성문을 보호하는 시설인 옹벽을 비롯해 총 길이 71m에 이르는 성벽이 복원되어 있다. 그러고보니 우리가 둘러본 성벽 중에 가장 긴 성벽이었다. 성문 형식에 관한 학계의 의견 차이로, 1년 6개월간 공사가 중지되기도 할 정도로 복원에 공을 들인 곳이라더니 가히 그 이유를 짐작할 수 있을 것 같았다.

여행 마지막 날, 나주목의 옛 모습을 상상하며 나주 구

도심에 있는 네 개의 성문을 한 바퀴 둘러보았다. 정월대보름에 마을의 안녕과 풍작, 가정의 다복을 축원하는 지신밟기처럼. 나주에 뿌리내려 살고 있는 엄마와 우리 가족 그리고 나주 사람들의 안녕과 번영을 진심으로 기원하는 마음으로...

  나주읍성을 돌아보면서 우리나라 역사와 문화에 대해

두루 나주를
비추는 서성문

임금이 계신 북쪽을 향해 있는 북망문

서도 생각해 봤다. 일제는 궁궐, 왕릉과 고분, 성문과 성
벽 등 우리의 수많은 문화재를 파괴하거나 망쳐버리는
만행을 저질렀다. 우리 민족의 자존심과 긍지를 무너뜨
려 민족 정신까지 지배하려는 의도가 있었기 때문이다.
오랜 시간을 함께해 왔던 역사와 문화의 상징이 허물어
졌을 때의 슬픔을 나는 감히 상상도 할 수 없었다.

　떠올려 보면, 나의 어린 시절엔 성문과 성벽 같은 것은
아예 존재하지도 않았다. 어른들이 "나주가 옛날엔 지금
광주처럼 엄청 큰 곳이었어."라고 말할 때, 그다지 이해
가 되지 않았다. 눈에 보이는 게 별로 없었기 때문이다.
하지만 우리 아이들과 후손들은 다를 것 같다. 다시 부활
한 나주읍성의 성문과 성벽을 보면서 "아, 신기하다. 나
주에 이런 것도 있어? 나주가 옛날엔 정말 큰 곳이었나

보구나."라고 당연하게 받아들일 것 같다. 이게 바로 역사와 문화의 힘이 아닐까 싶다. 정체성과 자긍심을 저절로 불러일으키는 힘.

나주 사람들은 무너지고 사라졌던 성벽을 복구했고, 성과 성벽은 새로운 모습으로 다시 태어났다. 앞으로 펼쳐질 나주 부활의 서사가 기대된다.

　2020년 봄 무렵, '코로나19 팬데믹'이라는 전대미문의 시대가 열렸다. 코로나19에 감염되면 격리되는 상황에서 삶이 통제되고 제한되는 현실은, 사람들이 너무도 당연하게 여겼던 일상의 자유가 얼마나 소중한지 절절히 느끼게 하였다. 이 시절을 보낸 사람이라면 대체로 그랬다. 나의 경우는 삶의 우선순위가 바뀌었다. '사회적 거리'라는 말이 익숙해질수록 혈육이 더욱 간절하고 그리워졌다.

　그래서일까. 마흔여섯에 혼자되신 친정엄마의 안부를 묻는 것도 어느새 나의 일상이 되어버렸다. 주말이면 고향 나주에 내려가 엄마와 밥을 먹고, 동네 마실 가듯이 나주 곳곳을 돌아다녔다. 엄마와 나의 나주 여행은 그렇게 시작되었다. 어둡고 긴 터널을 지날 때 길을 밝혀주는 불빛처럼 엄마와 함께했던 시간이 때로는 위안의 얼굴로, 때로는 희망의 손길로 그렇게 다가왔다.

　어릴 적 나주에 살면서 수없이 다녔던 곳부터 '나주에 이런 곳이 있었나.'라는 생각이 들 정도로 전혀 낯설고 새로운 장소까지, 나주 곳곳이 우리의 여행지였다. 그저 익숙했던 나주의 모습이 점점 더 다채롭고 감각적으로 다가올 때마다 묘한 설레임을 느꼈다.

　아는 만큼 보인다.
　"사랑하면 알게 되고 알면 보이나니 그때 보이는 것은 전과 같지 않으리라."

'나의 문화유산답사기'에서 조선시대 한 문인의 말을 인용했던 유홍준 교수님의 말처럼, 관심과 애정을 가지고 바라본 우리 문화유산은 이전과는 다른 모습으로 다가왔다. 재발견의 기쁨이랄까. 자연과 어우러진 건축과 문화유산을 보면서 깨달음과 함께 감동을 받기도 했다. 아름답다는 말만으로는 이루 다 표현할 수 없는 특별한 아름다움. 그 속에서 사유하는 즐거움 또한 빼놓을 수 없는 행복이었다. 이런 마음이어서인지 풀 한 포기, 굴러다니는 돌 하나도 예사롭게 보이지 않았다.

엄마와 나, 우리 가족의 서사가 덧대어져 있는 장소를 마주할 때면 심장이 두근거리고, 때로는 가슴이 뭉클해졌다. 특히 남외동이나 남산을 여행할 때는 마음속 깊이 고요히 묻혀 있던 아빠와 추억이 생명을 얻어 소생하는 듯한 기분이었다. 그곳에서 엄마와 머무는 동안 아빠가 우리 곁에 함께 있는 것 같은 생각이 들어 안온함이 느껴졌다. 그래서 그 공간에서 유독 오랫동안 머물고 싶었는지도 모르겠다.

이번 나주 여행은 낯설고 새로운 여행지가 아닌 친숙한 일상의 장소인 고향을 여행했다는 점에서 특별하다. 아름다운 천년도시 나주 여행을 동행해 준 우리 엄마, 늘 가까이에서 안온함을 느끼게 해준 하늘에 계신 우리 아빠. 또 그곳에서 만난 사람들. 여행자이며 우리의 이웃이기도 한 그들과 소통하며 사람의 체온을 느끼고 영감을 얻기도 했다. 이것이 여행의 진정한 묘미가 아닐까.

　에필로그의 끝을 어떤 말로 마무리해야 할지 고민하다
가, 문득 프롤로그의 끝맺음 말과 동일하게 마무리하면
좋겠다는 생각이 들었다. 결국 역사도 인생도 도돌이표
처럼 계속되고 반복된다고 믿기에...
　나주 여행은 끝났지만, 나의 마음속 여행은 지금부터
시작이다.

나주 여행

초판 인쇄 2024년 10월 10일
초판 발행 2024년 10월 15일

지은이   정서연
펴낸이   김상철
발행처   스타북스
등록번호 제300-2006-00104호
주소   서울시 종로구 종로 19 르메이에르종로타운 A동 907호
전화   02) 735-1312
팩스   02) 735-5501
이메일   starbooks22@naver.com

ISBN   979-11-5795-752-1 03980

© 2024 Starbooks Inc.
Printed in Seoul, Korea